高等职业教育精品教材

垂直电梯构造及原理

葛晓东 编 著

中国轻工业出版社

图书在版编目（CIP）数据

垂直电梯构造及原理/葛晓东编著．—北京：
中国轻工业出版社，2022.7
高等职业教育规划系列教材
ISBN 978－7－5184－0816－0

Ⅰ.①垂… Ⅱ.①葛… Ⅲ.①电梯—高等职
业教育—教材 Ⅳ.①TU857

中国版本图书馆 CIP 数据核字（2015）第 310885 号

内 容 简 介

本书是编者多年来从事电梯设计、制造、安装、改造、维修实践及教学工作的经验总结。

本书系统地介绍了垂直电梯构造及机械部件的构造和原理，结合电梯行业相关标准的要求论述了垂直电梯的构造及原理，详细介绍了电梯每一个子系统的构成及应用，并且对最新的欧洲电梯标准 EN81-20 及 EN81-50 的应用实践在每个子系统中做了相应详细的介绍。另外，本书也对电梯与建筑物的土建关系、杂物电梯以及液压电梯也做了简单介绍。

本书是为大专院校电梯工程专业编制的教材，也可以作为机械设计、制造等专业的选修教材，还可供从事电梯设计、安装、制造、维修、改造等工程技术人员和相关的管理及销售人员参考使用。

责任编辑：王　淳　宋　博　　策划编辑：王　淳　　版式设计：宋振全
责任终审：孟寿萱　　封面设计：锋尚设计
责任校对：晋　洁　　责任监印：张　可

出版发行：中国轻工业出版社（北京东长安街 6 号，邮编：100740）
印　　刷：三河市万龙印装有限公司
经　　销：各地新华书店
版　　次：2022 年 7 月第 1 版第 3 次印刷
开　　本：710×1000　1/16　印张：11
字　　数：230 千字
书　　号：ISBN 978－7－5184－0816－0　定价：27.00 元
邮购电话：010－65241695
发行电话：010－85119835　传真：85113293
网　　址：http：//www.chlip.com.cn
Email：club@chlip.com.cn
如发现图书残缺请与我社邮购联系调换
220711J2C103ZBW

前　　言

最近十年，世界电梯行业飞速发展，截止到2014年年底，全球电梯保有量达到了1354万台，全球电梯年产量约为81万台，其中，中国电梯保有量已经超过350万台，电梯年产量约为70万台。中国已经成为世界上电梯保有量和产销量最大的国家。而与之对应的行业现状是中国电梯整机厂有700多家，电梯零部件厂家有上千家，维修保养企业众多，但是数量如此庞大的在用电梯和新增需求，拥有的人才数量却远远不能满足需求。为了使中国电梯行业更加健康的发展，急需培养一批电梯专业人才来保证电梯的设计、制造、安装、维修保养各个环节均能正常运行。

为了适应行业需求，苏州信息职业技术学院和苏州德奥电梯有限公司合作成立针对电梯方向的德奥应用学院，并且共同策划了电梯专业课程。《垂直电梯构造及原理》即是电梯专业课程教材之一，本书作者将多年的设计、制造、安装及培训经验结合了电梯现状及标准，尤其是最新版的欧洲电梯标准：电梯制造与安装安全规范——乘客与货客电梯《EN81-20》与《EN81-50》，汇聚成了既切合实际，又适应最新的电梯技术的电梯结构原理教材。由于与欧洲电梯标准所对应的中国电梯标准GB7588的最新改版还未完成，因此本书对新标准要求暂时以欧洲标准为准。

本书分为十一章，第一章为概述，对电梯的发展史作了介绍，并且对电梯分类和曳引电梯的基本结构作了讲解；从第二章到第八章，本书按照电梯各大子系统分类，对电梯各个机构子系统进行了详细的讲解，在这些章节的讲解中，本书除了对一些机构部件基本结构讲解外，还简单介绍了电梯行业中某些大公司的一些典型产品结构；第九章讲解了电梯系统计算中关键的曳引力计算和顶层及底坑空间计算；第十章讲解了电梯土建的一些知识，第十一章对杂物电梯和液压电梯做了简单介绍。

本书在编著的过程中，偏重于理论结合实际，更加兼顾不同知识层面的读者，非常适用于高职院校电梯专业课程教学；同时，它也可以作为安装、维修、保养、改造及物业管理公司电梯安全管理员的培训学习资料。

本书由苏州德奥电梯有限公司葛晓东编著，苏州信息职业技术学院徐兵和苏州德奥电梯有限公司沈华、熊言福为本书的编写提供了支持，苏州信息职业技术学院戴茂良、钱伟红和苏州德奥电梯有限公司王应、李勤勇、金华、刘开双、于丽勇等专业老师和工程师对本书的编写提出了许多宝贵意见，在此深表谢意。

由于本人水平有限，书中难免会存在缺点和不足，希望广大读者、广大师生批评指正。

编　者

目　　录

第九章　曳引电梯的系统计算

第十章　电梯与建筑物的关系

第一章　概　　述

随着科学技术和社会经济的发展，高层建筑已成为现代城市的标志。尤其是近年来，世界上超高建筑一座接着一座的拔地而起，电梯作为垂直运输工具，承担着大量的人流和物流的输送，其作用在建筑物中至关重要。

中高层写字楼、办公楼、饭店和住宅楼，服务性和生产部门如医院、商场、仓库、生产车间等，拥有大量的乘客电梯、载货电梯等各类电梯及自动扶梯。随着经济和技术的发展，电梯的使用领域越来越广，电梯已成为现代物质文明的一个标志。

第一节　电梯的发展史

电梯作为升降设备，其起源可追溯到公元前 1115 至公元前 1079 年间我国劳动人民发明的辘轳(图 1-1)。

图 1-1　《天工开物》中记载的辘轳

到 19 世纪初，随着工业革命的进程发展，蒸汽机成为了重要的原动机，在欧美开始用蒸汽机作为升降工具的动力，并不断地得到创新和改进。此后，美国出现了以蒸汽机为动力的升降梯，到了 1852 年，世界上第一台以蒸汽机为动力、配有安全装置的升降梯，由美国人伊莱沙·格雷夫斯·奥的斯(Elisha Graves Otis)发明成功(图 1-2)，并在 1853 年纽约世界博览会上向人们成功展示。

在这次纽约世界博览会上，奥的斯先生站在他设计的升降梯的平台上(图 1-3)，平台上放置了木桶、木箱等货物。在平台升至大家都能看到的高度后，奥的斯先生命令砍断绳缆，观众们屏住了呼吸。升降梯平台下落几英尺后又停住了，台下响起了暴风雨般的掌声，此时，奥的斯先生不断地向大家鞠躬，并说着“All safe，All safe”。

图 1-2　Elisha Graves Otis

图 1-3　1853 年纽约世界博览会

1857 年，奥的斯公司(Otis)在纽约安装了世界上第一台乘客梯。从此不断升高的高楼大厦有了重要的垂直交通工具。

1889 年，奥的斯公司推出了世界上第一部以直流电动机为动力带齿轮减速箱的升降梯，从此诞生了名副其实的电梯。1915 年开始出现交流感应电动机驱动的电梯。

1903 年，奥的斯公司设计出了以槽轮式(即曳引式)驱动的电梯，为长行程和具有高度安全性的现代电梯奠定了基础。它的基本结构至今仍被广泛使用。

1907 年，奥的斯电梯进入中国，并在上海汇中饭店安装了中国第一台电梯。

1924 年，Otis 推出第一台自动电梯系统。1925 年，推出世界第一部具有“记忆”功能控制系统的电梯，实现电梯自动运行。

1931 年，奥的斯推出世界上第一台双层轿厢电梯。

在 20 世纪前半叶，电梯的电力拖动，尤其是高层建筑中的电梯，几乎都是直流拖动，直到 1967 年晶闸管(晶体闸流管，可控硅整流器)用于电梯拖动，研制出交流调压调速系统，才使交流电梯得到快速发展，20 世纪 80 年代随着电子技术的完善，出现了交流变频调速系统。信号控制方面用微机取代传统的继电器控制系统，使故障率大幅下降，电梯的速度也由 0.5m/s，发展到目前 16.8m/s 的超高速电梯。现代电梯向着低噪声、节能高效、全电脑智能化方向发展，具有高度的安全性和可靠性。

新中国成立前没有电梯制造业，只有奥的斯在中国有维修点，当时中国约有 2000 台电梯。新中国成立后，建立了上海电梯厂，并开始生产电梯。在十一届三中全会以后，中国成立了多家电梯合资企业，比如中国迅达、上海三菱、天津奥的斯、苏州迅达、广州日立、昆山通力、中山蒂森等，通过引进国外先进技术，不断提高我国电梯的设计制造水平，目前我国已经能生产出许多高技术高质量的电梯。

第二节 电梯的分类

电梯是服务于建筑物内若干特定的楼层，其轿厢沿着至少两列垂直于水平面或与铅垂线倾斜角小于 15°的刚性导轨运动的永久运输设备。而广义的电梯，是指动力驱动，利用沿刚性导轨运行的厢体或者沿固定线路运行的梯级(踏步)，进行升降或者平行运送人、货物的机电设备，包括载人(货)电梯、自动扶梯、自动人行道等。我们这里介绍的是狭义的电梯。

目前，电梯的分类方法大致如下。

一、按驱动方式分

1. 交流电梯

使用交流电动机驱动的电梯，交流电梯又分为以下 4 种类型：

(1)交流单速

采用交流单速电机驱动，在运行过程中没有速度转换，运行舒适感差，平层精度无法保证，目前极少采用。

(2)交流双速

采用交流双速电机驱动，其调速方法是采用改变电梯牵引电动机的极对数，采用两种不同极对数的绕组，其中极数少的绕组称为高速绕组，极数多的绕组称为低速绕组。高速绕组用于电梯的启动及稳速运行，低速绕组用于制动及电梯的维修。

在运行时，先给高速绕阻供电，使电梯启动并以较高速度运行，停梯时先切换至低速绕阻供电运行，最后断电停梯。由于其运行舒适感不好，平层精度不易保证，对曳引机制动器要求较高，目前已经基本退出市场，只有部分旧的交流双速电梯还在继续使用。

(3)交流调压调速

通过改变电压来改变电梯的运行速度，以满足电梯启制动的要求。通过交流调压器实现改变加在定子上的电压，目前广泛采用的交流调压器由晶闸管等器件组成。它是将三个双向晶闸管分别接到三相交流电源与三相定子绕组之间，通过调整晶闸管导通角的大小来调节加到定子绕组两端的端电压。图 1-4 是按星形接法的调压电路。

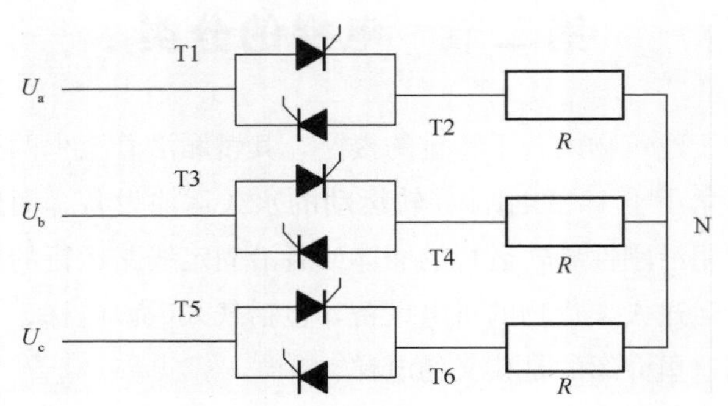

图 1-4　星形接法调压电路

由于交流调压调整电梯低速功耗较大、发热量较大、制动运行方式性能差，目前在曳引电梯中已经很少采用。

(4)交流变频调压调速

交流变频调压调速又称为 VVVF(Variable Voltage and Variable Frequency)，VVVF 控制的逆变器连接电机，通过同时改变频率和电压，达到磁通恒定和控制电机转速(和频率成正比)的目的。交流变频调压调速一般由变频器实现。

交流变频调压调速电梯可以实现很好的舒适性与很高的平层精度，同时又节能环保，目前在曳引电梯中大量使用。

2. 直流电梯

用直流电机作为驱动力的电梯，直流电梯具有速度快、舒适感好、平层准确度高的特点，这是因为直流拖动系统调速性能好、调速范围宽。直流电动机的调速方法有改变端电压、调节调整电阻、改变励磁磁通等。直流电梯因其设备多，维护较为复杂，体积大，造价高，因此常用于速度要求较高的高层建筑，速度有 1.5～1.75m/s 的快速梯和 2.5～5m/s 的高速梯。

3. 液压电梯

依靠液压驱动的电梯。液压电梯是通过液压动力源(电动泵)，把油压入油缸使柱塞做直线运动，直接或通过钢丝绳间接地使轿厢运动的电梯。液压电梯是机、电、电子、液压一体化的产品，由下列相对独立但又相互联系配合的系统组成：泵站系统、液压系统、导向系统、轿厢、门系统、电气控制系统、安全保护系统。

液压电梯多用于别墅电梯、货梯、船舶用梯、防爆电梯等。

4. 齿轮齿条电梯

电机驱动齿轮旋转，使轿厢沿着安装有齿条的导轨运行的电梯，多用于建筑工地。

5. 螺杆式电梯

将直顶式电梯的柱塞加工成矩形螺纹，再将带有推力轴承的大螺母安装于油缸顶，然后通过电机经减速机(或皮带)带动螺母旋转，从而使螺杆顶升轿厢上升或下降的电梯。

6. 直线电机驱动电梯

采用直线电机驱动的电梯，是一种新的驱动方式，也是未来电梯的发展方向。

直线电机驱动目前日本比较领先，日本奥的斯及日本三菱均已经研制成直线驱动电梯。在国内，直线电梯在河南理工大学、浙江大学与哈尔滨泰富实业公司已经制成样机。

二、按用途分

1. 乘客电梯

为运送乘客设计的电梯，要求有完善的安全设施以及一定的轿内装饰。

2. 载货电梯

主要为运送货物而设计，通常有人伴随的电梯。载重一般为 1000kg、1600kg、2000kg、3000kg、4000kg、5000kg、10000kg……

3. 病床电梯

为运送病床、担架、医用车而设计的电梯，轿厢具有长而窄的特点。病床电梯载重一般为 1600kg，轿厢一般为 1400mm×2400mm。也可以额定载重为 2000kg，轿厢为 1500mm×2700mm。

4. 观光电梯

轿厢壁透明，供乘客观光用的电梯。

5. 杂物电梯

供图书馆、办公楼、饭店、医院运送图书、文件、食品、手术器械、药品等设计的电梯。杂物电梯额定载重不大于 300kg，额定速度不大于 1m/s。

6. 船舶电梯

船舶上使用的电梯。

7. 消防电梯

具有消防功能的电梯，符合《消防电梯制造与安装安全规范》GB26456－2011 的要求。

8. 防爆电梯

具有防爆性能的特种电梯。

9. 汽车梯

其轿厢适于运载小型乘客汽车的电梯。在汽车 4S 店、维修车间，楼顶设停车场的大型商场、超市得到了越来越广泛的应用。汽车梯一般额定载重为3000kg、4000kg、5000kg。

10. 建筑施工用电梯

建筑施工与维修用的电梯。一般作为在建筑工地上垂直运送行人或建材货物的运输工具，多为齿轮齿条电梯。

11. 家用电梯(别墅电梯)

家庭住宅或别墅用电梯，常见的有液压别墅梯、背包架别墅梯、龙门架别墅梯。家用电梯额定载重一般为250kg、320kg、400kg。额定速度不大于1m/s。

除上述常用电梯外，还有些特殊用途的电梯，如冷库电梯、矿井电梯、电站电梯等。

三、按有无机房分

1. 有机房电梯

井道上方有专用的机房，曳引机、控制柜、限速器、上行超速保护装置放置在机房内。机房投影面与井道投影面重合的称为小机房电梯，机房投影面比井道投影面大的为普通有机房电梯。

2. 无机房电梯

无机房电梯是相对于有机房电梯而言的，也就是说，省去了机房，将原机房内的控制屏、曳引机、限速器等移往井道等处，或用其他技术取代。

四、按速度分

1)低速电梯，常指速度低于1.00m/s的电梯。

2)中速电梯，常指速度在1.00～2.00m/s的电梯。

3)高速电梯，常指速度在2.00～5.00m/s范围的电梯。

4)超高速电梯，常指速度大于5.00m/s的电梯。

随着电梯技术的不断发展，电梯速度越来越高，区别高、中、低速电梯的速度限值也在相应地提高。

五、按操作方式分

1. 非集选控制

非集选控制又分为：

(1)司机手动开关控制

电梯司机在轿厢内控制操纵盘手柄开关，实现电梯的启动、上升、下降、平层、停止的运行状态。

(2)按钮控制

是一种简单的自动控制电梯，具有自动平层功能，常见有轿外按钮控制、轿内按钮控制两种控制方式。

(3)信号控制

这是一种自动控制程度较高的有司机电梯。除具有自动平层，自动开门功能外，尚具有轿厢命令登记，层站召唤登记，自动停层，顺向截停和自动换向等功能。

2. 集选控制

是一种在信号控制基础上发展起来的全自动控制的电梯，与信号控制的主要区别在于能实现无司机操纵。又分为：

(1)下行集选控制

下行集选控制也称作"上行调配下行集选控制"，通常表现为电梯厅外呼梯按钮只有一个(下行呼梯按钮)，电梯上行只响应轿厢内呼信号，电梯下行时相应外呼信号。

一般不提"上行集选"。当然对于大坝电梯，基站在坝顶，就是所谓"上行集选控制"的形式。其实所谓上下，就是更改个方向而已，都是单向集选控制。

(2)全集选控制

所谓全集选控制(全向集选控制)，登记所有的厅外和轿内召唤，厅外召唤按方向分别存储和应答，除上下端站外，每层呼梯盒上均配上下方向各1个按钮。

3. 并联控制

2～3台电梯的控制线路并联起来进行逻辑控制，共用层站外召唤按钮，电梯本身都具有集选功能。

两台并联控制电梯，基站设在大楼的底层，当一台电梯执行指令完毕，自动返回基站。另一台电梯在完成其所有的任务后，就停留在最后停靠的楼层作为备行梯。备行梯准备接受基站以上的任何指令运行。基站梯可优先为进入大楼的乘客服务，备行梯主要应答其他楼层的召唤。当然，基站梯和备行梯不是固定不变的，而是根据运行的实际情况确定。

三台并联电梯，有两台电梯作为基站梯，一台为备行梯。

4. 群控控制

是用微机控制和统一调度多台集中并列的电梯。群控有梯群的程序控制、梯群智能控制等形式。群控电梯除了上述单梯控制功能外，还可以有下列功能。

1)最大最小功能。系统指定 1 台电梯应召时，使待梯时间最小，并预测可能的最大等候时间，可均衡待梯时间，防止长时间等候。

2)优先调度。在待梯时间不超过规定值时，对某楼层的厅召唤，由已接受该层内指令的电梯应召。

3)区域优先控制。当出现一连串召唤时，区域优先控制系统首先检出“长时间等候”的召唤信号，然后检查这些召唤附近是否有电梯。如果有，则由附近电梯应召，否则由“最大最小”原则控制。

4)特别层楼集中控制。包括：①将餐厅、表演厅等存入系统；②根据轿厢负载情况和召唤频度确定是否拥挤；③在拥挤时，调派 2 台电梯专职为这些楼层服务；④拥挤时不取消这些层楼的召唤；⑤拥挤时自动延长开门时间；⑥拥挤恢复后，转由“最大最小”原则控制。

5)满载报告。统计召唤情况和负载情况，用以预测满载，避免已派往某一层的电梯在中途又换派 1 台。本功能只对同向信号起作用。

6)已启动电梯优先。本来对某一层的召唤，按应召时间最短原则应由停层待命的电梯负责。但此时系统先判断若不启动停层待命电梯，而由其他电梯应召时乘客待梯时间是否过长。如果不过长，就由其他电梯应召，而不启动待命电梯。

7)“长时间等候”召唤控制。若按“最大最小”原则控制时出现了乘客长时间等候情况，则转入“长时间等候”召唤控制，另派 1 台电梯前往应召。

8)特别楼层服务。当特别楼层有召唤时，将其中 1 台电梯解除群控，专为特别楼层服务。

9)特别服务。电梯优先为指定楼层提供服务。

10)高峰服务。当交通偏向上高峰或下高峰时，电梯自动加强需求较大一方的服务。

11)独立运行。按下轿内独立运行开关，该电梯即从群控系统中脱离出来，此时只有轿内按钮指令起作用。

12)分散备用控制。大楼内根据电梯数量，设低、中、高基站，供无用电梯停靠。

13)主层停靠。在闲散时间，保证1台电梯停在主层。

14)几种运行模式。①低峰模式：交通疏落时进入低峰模式。②常规模式：电梯按"心理性等候时间"或"最大最小"原则运行。③上行高峰：早上高峰时间，所有电梯均驶向主层，避免拥挤。④午间服务：加强餐厅层服务。⑤下行高峰：晚间高峰期间，加强拥挤层服务。

15)节能运行。当交通需求量不大时，系统又查出候梯时间低于预定值时，即表明服务已超过需求。则将闲置电梯停止运行，关闭点灯和风扇；或实行限速运行，进入节能运行状态。如果需求量增大，则又陆续启动电梯。

16)近距避让。当两轿厢在同一井道的一定距离内，以高速接近时会产生气流噪声，此时通过检测，使电梯彼此保持一定的最低限度距离。

17)即时预报功能。按下厅召唤按钮，立即预报哪台电梯将先到达，到达时再报一次。

18)监视面板。在控制室装上监视面板，可通过灯光指示监视多台电梯运行情况，还可以选择最优运行方式。

19)群控备用电源运行。开启备用电源时，全部电梯依次返回指定层。然后使限定数量的电梯用备用电源继续运行。

20)群控消防运行。按下消防开关，全部电梯驶向应急层，使乘客逃离大楼。

21)不受控电梯处理。如果某一电梯失灵，则将原先的指定召唤转为其他电梯应召。

22)故障备份。当群控管理系统发生故障时，可执行简单的群控功能。

第三节 曳引电梯的基本结构

电梯的种类有很多，目前使用最广的垂直交通工具是曳引式电梯，其基本结构介绍如下(参照图 1-5 曳引电梯示意图)。

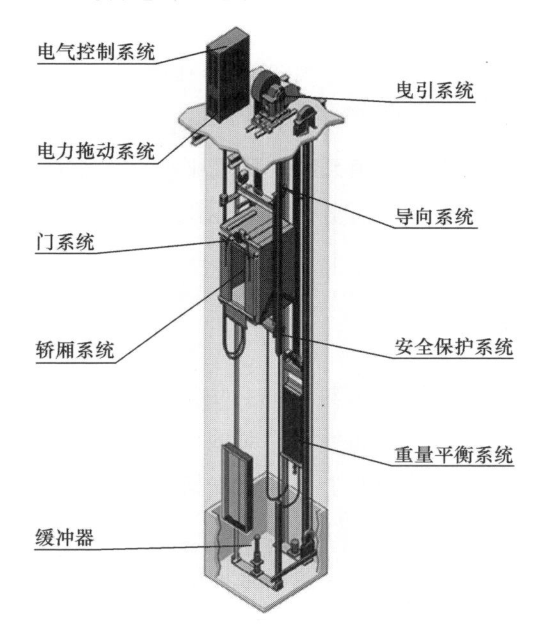

图 1-5 曳引电梯示意图

一、电梯驱动系统

电梯驱动系统由曳引电机、供电装置、速度反馈装置、调速装置等组成，拖动电梯按照设定的速度上下运行。

曳引电机是电梯的动力源，电梯上下运行所需要的转矩、功率均由其实施。

供电装置负责为曳引电机提供电力。

速度反馈装置负责为调整装置提供电梯速度信号，一般采用旋转编码器与电梯相连，发出电机旋转产生的速度脉冲信号。

二、电梯轿厢、轿架

电梯轿厢是电梯运送乘客或货物的部件，轿厢由轿顶、轿壁、轿底、轿厢操纵盘、轿厢照明，轿厢通风装置等组成，轿厢大小由额定载重和额定载客量决定。

轿架是轿厢的承重部件，一般由上梁、立梁、下梁、轿底托架、斜拉杆、返绳轮组件(曳引比大于1∶1时)等组成。

三、电梯对重(重量平衡系统)

电梯对重又称为电梯重量平衡系统，用来平衡轿厢空重及约一半的额定载重量。一般由对重框架、对重块、对重护板、返绳轮组件(曳引比大于1∶1时)等组成。

四、电梯导向系统

电梯导向系统限制电梯轿厢及对重的自由度，使其沿着导轨方向上下运行。一般由轿厢导轨、对重导轨、轿厢导靴、对重导靴、导轨支架等组成。

导轨由导轨支架固定在井道壁上，导轨支架固定导轨且能消除建筑物微量沉降对导轨的影响。

导靴固定在轿厢和对重上，与导轨配合，限制轿厢和对重的自由度。

五、电梯钢丝绳系统

电梯钢丝绳系统联系轿厢、对重及曳引机，并传递曳引轮输出转矩。一般由绳端装置、曳引钢丝绳及钢丝绳重量补偿装置组成。钢丝绳重量补偿装置用以解决因轿厢和对重两侧的钢丝绳重量差而引起的电机转矩需求增加及重量差导致的曳引力不足问题。

六、电梯门系统

电梯门系统为电梯提供出入口保护，一般由门机、轿门、入口保护装置、层门装置、层门以及轿门地坎和层门地坎等组成。

七、电梯安全部件(安全保护系统)

电梯安全部件是电梯得以安全运行的重要装置，一般包括限速器装置、安全钳、缓冲器、层门锁、上行超速保护装置、急停装置，极限开关等组成，最新的标准要求新增加了防止轿厢门区意外移动装置，也作为安全保护系统的一个重要部件。

八、电气控制系统

电梯得以安全、准确、舒适的运行，离不开电气控制系统的支持。电气控制系统一般由控制电梯运行的控制柜，登记电梯运行指令的人机交换系统，传输电梯指令或信号以及电力的线系统，确保电梯准确停靠的位置参考系统组成。

九、曳引系统构成

曳引电梯曳引系统，由曳引机(曳引轮)、钢丝绳系统、机房导向轮(可无)，轿厢(轿架)，对重，钢丝绳重量补偿装置构成。

图 1-6 为曳引系统构成的几个示例。

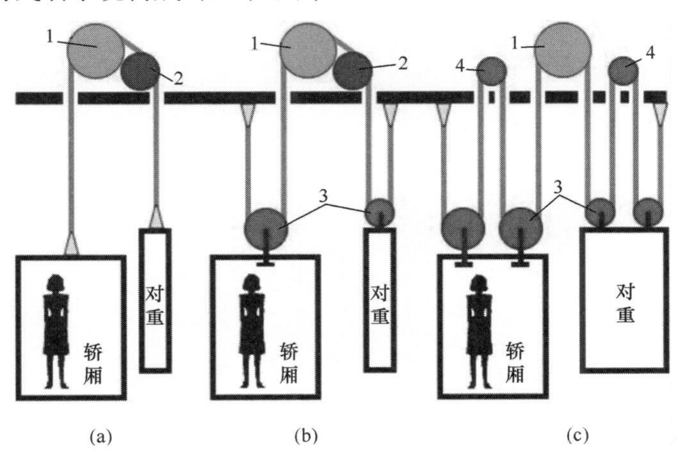

图 1-6 不同曳引比中钢丝绳的绕法

(a)1∶1 绕法 (b)2∶1 绕法 (c)4∶1 绕法

1—曳引轮 2—导向轮 3—轿厢(对重)返绳轮 4—机房返绳轮

思考题

1. 电梯是怎么分类的，电梯的种类有哪些？
2. 电梯由哪些大的系统构成？
3. 三台电梯群控，电梯响应呼梯的逻辑是怎样的？

第二章　电梯驱动系统

电梯的驱动方式，有曳引驱动，液压驱动、卷筒驱动、齿轮齿条驱动、螺杆驱动、直线电机驱动等。目前市场上使用最为广泛的是曳引驱动。

第一节　电梯曳引驱动

一、曳引驱动的形式

曳引驱动即以曳引机为驱动机构，钢丝绳挂在曳引机的绳轮(曳引轮)上，一端悬吊轿厢，另一端悬吊对重装置，曳引机转动时，靠曳引轮与钢丝绳之间的摩擦力来带动轿厢和对重上下运行。曳引电梯即靠摩擦力驱动的电梯。曳引轮靠电机驱动，曳引轮及电机是曳引机的主要部件。根据曳引机的布置位置不同，曳引驱动形式可以分为上置曳引形式、侧置曳引形式、下置曳引形式。

曳引机位于井道上方(或上部)的为上置曳引形式，曳引机位于井道下方(或下部)的为下置曳引形式，驱动装置也有设置在井道中间位置的侧部的，为侧置曳引形式，但这种形式并不多见。

而曳引形式根据曳引钢丝绳在曳引轮上的包角大小，可以分为单绕与复绕两种。单绕是指曳引绳挂在曳引轮和导向轮上，且曳引绳对曳引轮的包角不大于180°的绕绳方式；而曳引绳绕曳引轮和导向轮一周后才被引向轿厢和对重的绕绳方式称为复绕，这种情况下曳引绳对曳引轮的包角一般大于等于270°，且小于360°。图2-1(a)，图2-1(b)分别为复绕与单绕。

钢丝绳单绕时，曳引轮与导向轮绳槽在一个垂直面上，而复绕时，由于钢丝绳占用两个绳槽，为了减小钢丝绳与绳槽的侧向摩擦，提高钢丝绳寿命，需要减小钢丝绳与绳槽中心面的偏角。这就需要曳引轮绳槽与对应的导向轮绳槽中心面相差半个槽距的距离，如图2-2复绕曳引轮导向轮相互位置示意图所示。此示意

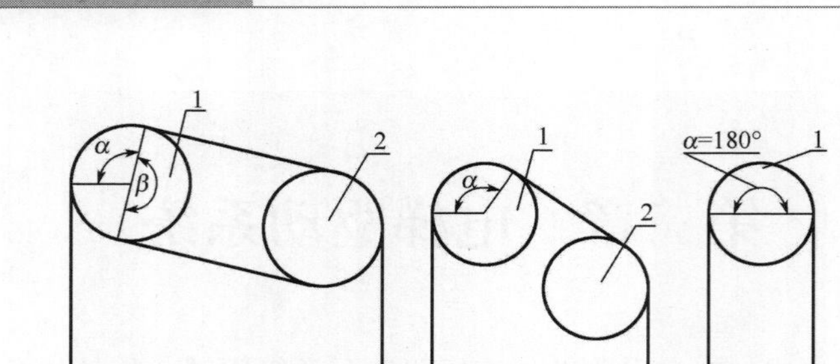

图 2-1 复绕与单绕

(a)钢丝绳复绕 (b)钢丝绳单绕

1—曳引轮 2—导向轮

图中曳引轮及导向轮绳槽槽距为 14mm。

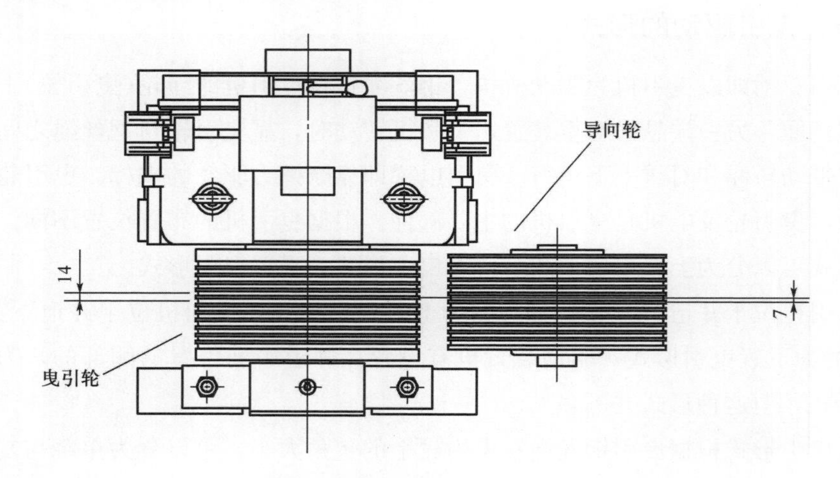

图 2-2 复绕曳引轮导向轮相互位置

二、曳引比

曳引比，是曳引系统中一个非常重要的参数，它是曳引钢丝绳线速度与轿厢(对重)线速度的比值。当然，曳引比与钢丝绳绕过的轿厢或对重的动滑轮数量有关，因此又被称为绕绳比。图 2-3 为几个不同的曳引比的示意图。

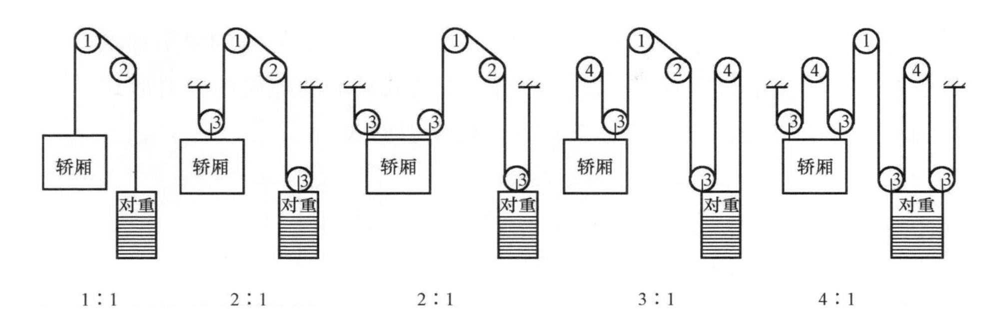

图 2-3　曳引比示意图

1—曳引轮　2—导向轮　3—轿厢(对重)返绳轮　4—机房返绳轮

综合上面的几种曳引类型的分类，曳引系统可以由曳引机位置、钢丝绳单绕与复绕、曳引比三个因素混合构成。下面我们按曳引机的位置分组说明曳引系统类型。

1. 曳引机上置

由于图 2-3 曳引比示意图所展示的均为曳引机上置时钢丝绳单绕的不同曳引比的情况，因此，这里不重复展示。只对曳引机上置式，再补充示例说明一下钢丝绳复绕的情况(见图 2-4)。

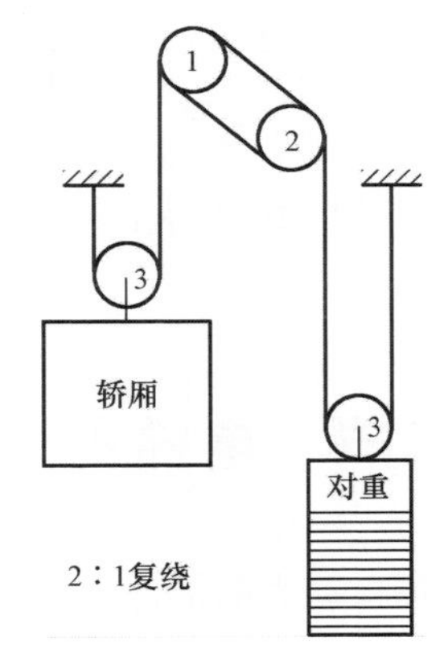

图 2-4　钢丝绳复绕

1—曳引轮　2—导向轮　3—返绳轮

2. 曳引机下置

图 2-5(a)为曳引机下置、单绕、1∶1 的曳引形式。

图 2-5(b)为曳引机下置、单绕、2∶1、下置式轿厢返绳轮的曳引形式。
图 2-5(c)为曳引机下置、单绕、2∶1、上置式轿厢返绳轮的曳引形式。
图 2-5(d)为曳引机下置、复绕、1∶1 的曳引形式。

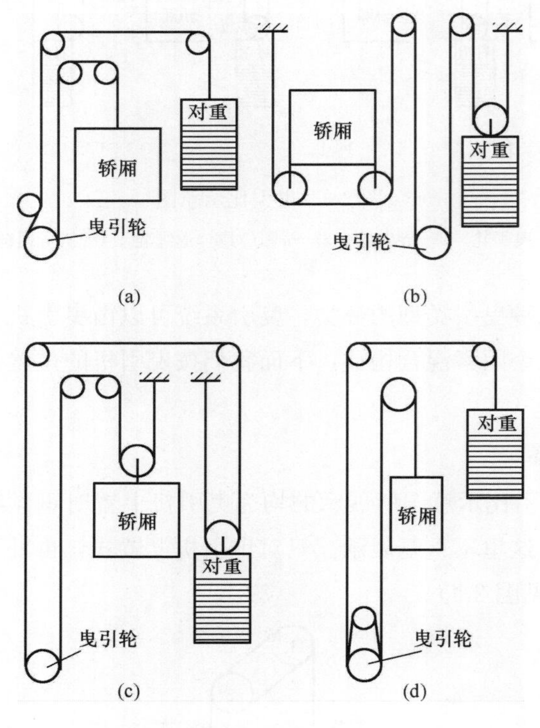

图 2-5　曳引机下置式曳引形式

第二节　电梯曳引机

电梯曳引机是曳引系统中提供动力的部件，曳引机一般由电机、曳引轮、制动器、减速箱(有齿轮曳引机)及基座构成。根据曳引机构成，可以将曳引机按照电机种类或有无减速箱进行分类。

一、根据是否有减速箱分类

按照曳引机是否包含减速箱，可以将曳引机分为有齿轮曳引机和无齿轮曳引机。

1. 有齿轮曳引机

有齿轮曳引机即在曳引机的电机及曳引轮之间，采用减速箱联接，减速箱起到降低转速及提高轿矩的作用。而根据减速箱齿轮的形式，又可以将有齿轮曳引机分为蜗轮蜗杆曳引机、平行轴斜齿轮曳引机、行星齿轮曳引机(图 2-6)等。

(a)

(b)

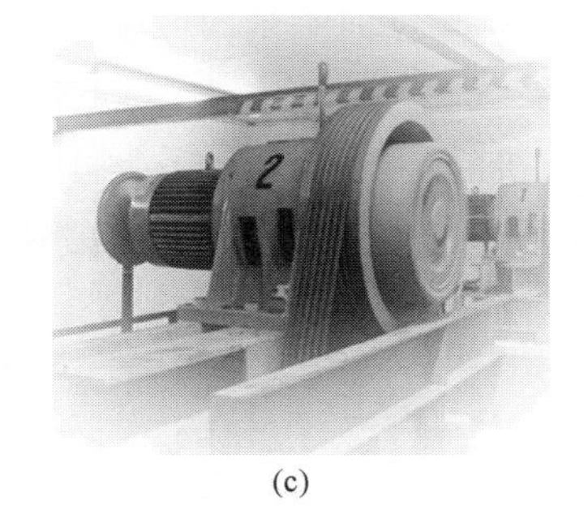

(c)

图 2-6　有齿轮曳引机类型

(a)蜗轮蜗杆曳引机　(b)平行轴斜齿轮曳引机　(c)行星齿轮曳引机

(1)有齿轮曳引机的结构

有齿轮曳引机由电机、制动器、减速箱、曳引轮、机座、速度反馈装置(编码器)构成。其中，电机由电力驱动，为曳引机提供动力；制动器由制动电磁铁、制动臂、制动轮毂构成，确保曳引机能够安全停止并且保证曳引机在静止时维持静止状态不变，制动轮毂位于电机与齿轮减速箱之间；减速箱与电机通过联轴器联接，以图 2-7 所示的蜗轮蜗杆曳引机来说，减速箱的蜗杆与电机相连，通过蜗轮将速度及转矩传递给曳引轮，再由曳引轮通过与钢丝绳之间的摩擦力来带动电梯上下运行；机座在曳引机中起到对每一个结构部件的支撑作用；编码器作为速

度反馈装置，将曳引机的转速反馈给控制系统，以实现对电梯速度的更有效控制。

图 2-7　蜗轮蜗杆曳引机构成

交流单速或交流双速曳引机驱动时不采用速度反馈装置，这时控制系统与曳引机之间是一个开环的控制系统。

(2)蜗轮蜗杆有齿轮曳引机的特点

目前速度不大于 2.5m/s 的有齿轮曳引机的减速箱多采用蜗轮蜗杆结构(图 2-8)，其主要特点是：

图 2-8　蜗轮蜗杆

1)传动比大，结构紧凑。蜗杆头数用 Z_1 表示(一般 $Z_1=1\sim4$)，蜗轮齿数用 Z_2 表示。从传动比公式 $I=Z_2/Z_1$ 可以看出，当 $Z_1=1$，即蜗杆为单头，蜗杆须转 Z_2 转蜗轮才转一转，因而可得到很大传动比，一般在动力传动中，取传动比 $I=10\sim80$；在分度机构中，I 可达 1000。这样大的传动比如用齿轮传动，则需要采取多级传动才行，所以蜗杆传动结构紧凑，体积小、重量轻。

2)传动平稳，无噪声。因为蜗杆齿是连续不间断的螺旋齿，它与蜗轮齿啮合时是连续不断的，蜗杆齿没有进入和退出啮合的过程，因此工作平稳，冲击、振动、噪声都比较小。

3)具有自锁性。蜗杆的螺旋升角很小时，蜗杆只能带动蜗轮传动，而蜗轮不能带动蜗杆转动。

4)蜗杆传动效率低，一般认为蜗杆传动效率比齿轮传动低。尤其是具有自锁性的蜗杆传动，一般效率只有0.7～0.9。

5)发热量大，齿面容易磨损，成本高。

(3)蜗轮蜗杆减速箱的失效形式

在蜗杆传动中，蜗轮轮齿的失效形式有点蚀、磨损、胶合和轮齿弯曲折断。但一般蜗杆传动效率较低，滑动速度较大，容易发热等，故胶合和磨损破坏更为常见。

为了避免胶合和减缓磨损，蜗杆传动的材料必须具备减磨、耐磨和抗胶合的性能。一般蜗杆用碳钢或合金钢制成，螺旋表面应经热处理(如淬火和渗碳)，以便达到高的硬度(HRC45～63)，然后经过磨削或研磨以提高传动的承载能力。蜗轮多数用青铜制造。为了防止胶合和减缓磨损，应选择良好的润滑方式，选用含有抗胶合添加剂的润滑油。对于蜗杆传动的胶合和磨损，还没有成熟的计算方法。齿面接触应力是引起齿面胶合和磨损的重要因素，因此仍以齿面接触强度计算为蜗杆传动的基本计算。此外，有时还应验算轮齿的弯曲强度。一般蜗杆齿不易损坏，故通常不必进行齿的强度计算，但必要时应验算蜗杆轴的强度和刚度。

对封闭式传动还应进行热平衡计算。由于蜗轮蜗杆传动的摩擦损失功率较大，损失的功率大部分转化为热能量，使油温升高。过高的油温会大大降低润滑油的黏度，使齿面之间的油膜破坏，导致工作齿面直接接触而产生齿面胶合现象。为了避免产生润滑油过热现象，设计的减速箱箱体应能满足从减速箱散发出去的热量大于或等于动力损耗产生的热量。如果热平衡计算不能满足要求，则在箱体外侧加设散热片或采用强制冷却装置。

2. 无齿轮曳引机

无齿轮曳引机又称为永磁同步无齿轮曳引机，它的曳引轮与电机的转子采用刚性连接，中间没有减速箱过渡，因此电机的转速就是曳引轮的转速。图2-9为几种常见的永磁同步无齿轮曳引机。

图 2-9　无永磁同步无齿轮曳引机

永磁同步曳引机主要由永磁同步电机、曳引轮、制动器、速度反馈装置(编码器)构成如图 2-10 所示。

图 2-10　永磁同步曳引机结构

(1)永磁同步曳引机的特点

永磁同步无齿曳引机与传统的蜗轮蜗杆传动及其他齿轮传动的曳引机相比具有如下优点：

1)体积小、重量轻。永磁同步无齿曳引机是直接驱动，无齿轮传动副，永磁同步电机没有异步电机所需非常占地方的定子线圈，而制作永磁同步电机的主要材料是高能量密度的高剩磁感应和高矫顽力的钕铁硼，其气隙磁密一般达到 0.75T 以上，所以可以做到体积和重量分别减少约 30%。

2)运行平稳、噪声低。永磁同步无齿曳引机低速驱动，且由于不存在一个异步电机在高速运行时轴承所发生的噪声和不存在齿轮副接触传动时所发生的噪声，所以整机噪声可降低 5～10dB(A)。

3)能耗低。从永磁同步电机工作原理可知其励磁是由永磁铁来实现的，不需要定子额外提供励磁电流，因而电机的功率因数可以达到很高(理论上可以达到1)。同时永磁同步电机的转子无电流通过，不存在转子耗损问题。由于没有效率低、高能耗齿轮传动副，能耗进一步降低。一般效率可以比有齿轮曳引机提高 40%。

4)寿命长、安全环保。永磁同步无齿曳引机由于不存在齿廓磨损问题和不需要定期更换润滑油，因此其使用寿命长，并且环保。由于永磁同步无齿轮曳引机的制动器直接作用于曳引轮或与曳引轮硬连接的轴上，不存在因为齿轮断齿而产生的安全问题。

(2)永磁同步无齿轮曳引机分类

对于永磁同步曳引机，一般按照永磁同步电机的结构来进行分类。而永磁同步电机主要分为内转子与外转子结构，所以永磁同步曳引机可以分为永磁同步外转子曳引机和永磁同步内转子曳引机。图 2-11，图 2-12 分别为外转子及内转子的结构示意图。

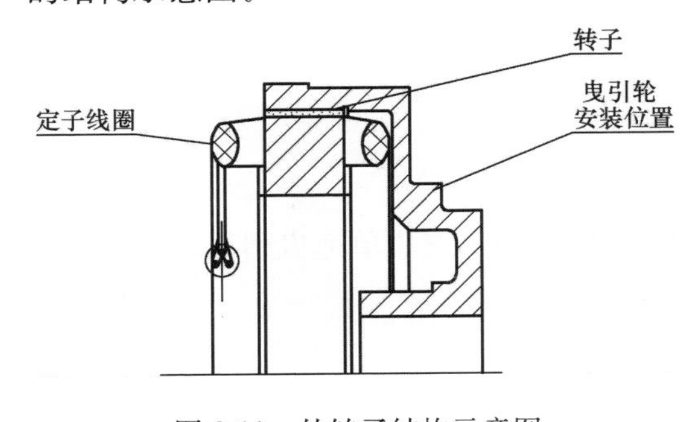

图 2-11　外转子结构示意图

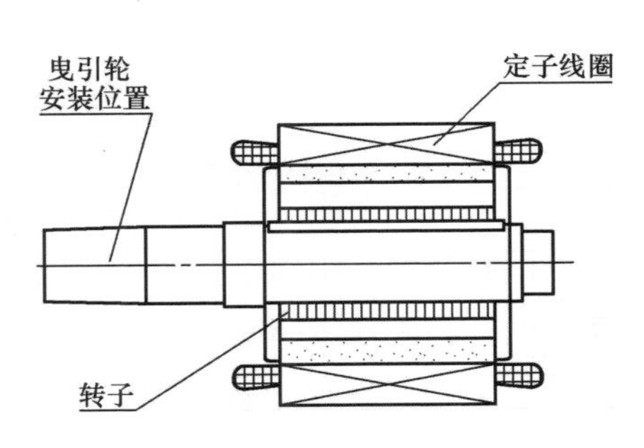

图 2-12　内转子结构示意图

定子一般为电机的绕圈(绕组)，在电机内固定在机壳上不转动；转子一般为磁钢片固定在可以转动的轴或与轴硬连接的部件上，电机通电时，由于电磁场的作用，带动电机转子转动。而曳引轮与转子为硬连接，转子转动一圈曳引轮也转动一圈。

(3)极对数

极数：电机转子中磁场磁极的个数，为N极和S极的总和。磁极是成对出现的。所以有了极对数的概念。如图2-13所示。

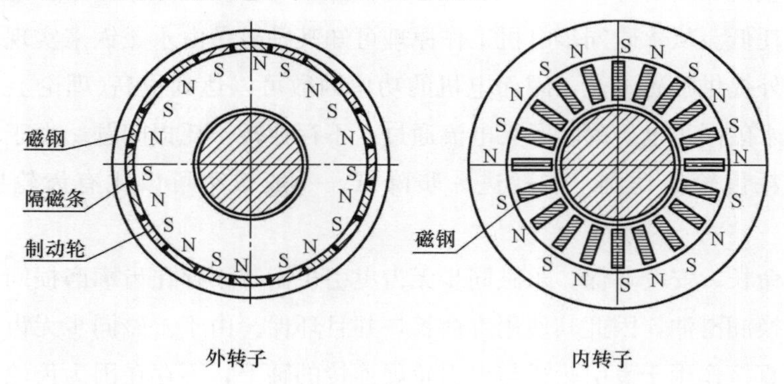

图2-13　电机磁极示意图

极对数：电机转子中磁场中成对磁极的个数，它的值是极数的一半。

电机的转速，与极对数有关，对于永磁同步电机，转速公式如下：

$$n=60f/P$$

式中　n——电机额定转速，单位为r/min

f——电机频率，单位为Hz

P——为极对数

二、根据电机种类分类

目前市场上用的曳引机，按电机种类可以分为：交流单速曳引机、交流双速曳引机、交流异步(VVVF)曳引机、永磁同步曳引机。

1. 交流单速曳引机

交流单速电机通常是鼠笼式，由于这种电机只有一种转速，平层差，启动电流大，因此交流单速曳引机只适用于电梯运行速度不大于0.63m/s，载重不大于500kg的小型载货电梯或杂物电梯上。

2. 交流双速曳引机

交流双速曳引机在2006年以前用的比较多，交流双速电机多采用双速双绕阻鼠笼式或线绕式感应电机。

鼠笼式交流双速曳引机多用于额定速度不大于 1m/s 的电梯上，电机极数为 4/16 或 6/24，高速绕阻用于启动，启动时，采用定子串电阻或电抗的方法降压，启动后短接电阻或电抗；低速绕阻用于减速或检修运行，电梯减速时，高速绕阻断电，低速绕阻通电，切换时电机转速高于低速绕阻同步转速，电机进入发电制动状态，转速迅速下降。

线绕式交流双速电机，除定子绕阻外，转子中也嵌入高速绕阻和低速绕阻，通过整流子与外部电阻相连，这种结构的电机在降低发热和提高效率方面优于鼠笼式电机，但成本较高。

随着电梯速度的提高，电机通过改变极数来调整速度已经不能适应市场的需求，而调压调频调速（VVVF）技术已经非常成熟。因此交流单速和交流双速电机已经用的越来越少，目前市场上仅在杂物电梯上有使用。

3. 交流异步（VVVF）曳引机

交流异步曳引机所采用的三相异步电机，结构与交流单速及交流双速电机类似，主要由定子和转子构成，定子是静止不动的部分，转子是旋转部分，在定子与转子之间有一定的气隙。定子由铁心、绕组与机座三部分组成。转子由铁心与绕组组成，转子绕组有鼠笼式和线绕式。鼠笼式转子是在转子铁心槽里插入铜条，再将全部铜条两端焊在两个铜端环上而组成；线绕式转子绕组与定子绕组一样，由线圈组成绕组放入转子铁心槽里。

定子三相绕组通入三相交流电即可产生旋转磁场。当三相电流不断地随时间变化时，所建立的合成磁场也不断地在空间旋转。旋转磁场的旋转方向与三相电流的相序一致，任意调换根电源进线，则旋转磁场反转。

定子旋转磁场旋转切割转子绕组，转子绕组产生感应电动势，其方向由“右手螺旋定则”确定。由于转子绕组自身闭合，便有电流流过，并假定电流方向与电动势方向相同，转子绕组感应电流在定子旋转磁场作用下，产生电磁力，其方向由“左手螺旋定则”判断。该力对转轴形成转矩（称电磁转矩），并可见，它的方向与定子旋转磁场（即电流相序）一致，于是，电动机在电磁转矩的驱动下，顺着旋转磁场的方向旋转，且一定有转子转速。有转速差是异步电动机旋转的必要条件，异步的名称也由此而来。

采用异步电机，通过同时改变频率和电压，达到磁通恒定（可以用反电势/频率近似表征）和控制电机转速（和频率成正比）的目的。这就是所谓的调压调频调

速，即 VVVF。而 VVVF 是由变频器来实现的。变频器是交流电气传动系统的一种，是将交流工频电源转换成电压、频率均可变的适合交流电机调速的电力电子变换装置。变频器的控制对象是三相交流异步电机和三相交流同步电机。

由于 VVVF 控制可以实现平滑的电机转速变化，使得电梯舒适感大大提高，因此在市场上大量使用。

4. 永磁同步曳引机

永磁同步曳引机即由永磁同步电机驱动的曳引机，在前面的内容中我们已经对永磁同步曳引机进行过说明，这里不再详述。

三、曳引机用制动器

电梯采用的制动器，多为机一电式制动器。电梯曳引机用制动器在电机工作时，制动器松闸，而电机不工作时，制动器制动。因此也称之为常闭式制动器。电梯制动时，依靠机械力的作用，使制动带与制动轮摩擦而产生制动力矩；电梯运行时，依靠电磁力使制动器松闸，因此又称电磁制动器。根据制动器产生电磁力的线圈工作电流，分为交流电磁制动器和直流电磁制动器。由于直流电磁制动器制动平稳，体积小，工作可靠，电梯多采用直流电磁制动器。

制动器是保证电梯安全运行的基本装置，对电梯制动器的要求是：能产生足够的制动力矩，而且制动力矩大小应与曳引机转向无关；制动时对曳引电动机的轴和减速箱的蜗杆轴不应产生附加载荷；当制动器松闸或制动时，要求平稳，而且能满足频繁启、制动的工作要求；制动器应有足够的刚性和强度；制动带有较高的耐磨性和耐热性；结构简单、紧凑、易于调整；应有人工松闸装置；噪声小。

GB7588－2003《电梯制造与安装安全规范》中要求对制动器有以下描述：

当轿厢载有 125％额定载重量并以额定速度向下运行时，操作制动器应能使曳引机停止运转。在上述情况下，轿厢的平均减速度不应超过安全钳动作或轿厢撞击缓冲器所产生的减速度。

所有参与向制动面施加制动力的制动器机械部件应分两组装设。如果由于部件失效一组部件不起作用，应仍有足够的制动力使载有额定载重量以额定速度下行的轿厢和空载以额定速度上行的轿厢减速、停止并保持停止。

电磁线圈的铁心被视为机械部件，而线圈则不是。

1. 制动器功能基本要求

1)当电梯动力电源失电或控制电路电源失电时，制动器能立即进行制动。

2)当轿厢载有125%额定载荷并以额定速度运行时，制动器应能使曳引机停止运转。

3)电梯正常运行时，制动器应在持续通电情况下保持松开状态；断开制动器的释放电路后，电梯应无附加延迟地被有效制动。

4)切断制动器的电流，至少应用两个独立的电气装置来实现。电梯停止时，如果其中一个接触器的主触点未打开，最迟到下一次运行方向改变时，应防止电梯再运行。

5)装有手动盘车手轮的电梯曳引机，应能用手松开制动器并需要一持续力去保持其松开状态。

2. 制动器的构造及其工作原理

制动器的工作原理：当电梯处于静止状态时，曳引电动机、电磁制动器的线圈中均无电流通过，这时因电磁铁心间没有吸引力、制动瓦块在制动弹簧压力作用下，将制动轮抱紧，保证电机不旋转；当曳引电动机通电旋转的瞬间，制动电磁铁中的线圈同时通上电流，电磁铁心迅速磁化吸合，带动制动臂使其制动弹簧受作用力，制动瓦块张开，与制动轮完全脱离，电梯得以运行；当电梯轿厢到达所需停站时，曳引电动机失电、制动电磁铁中的线圈也同时失电，电磁铁心中的磁力迅速消失，铁心在制动弹簧的作用下通过制动臂复位，使制动瓦块再次将制动轮抱住，电梯停止工作。

3. 制动器分类

制动器根据被制动部件的形式，可以分为鼓式制动器和盘式制动器。

(1)鼓式制动器

鼓式制动器被制动部件外形像鼓的侧面，因此称为鼓式制动器，它的制动部件又分为制动臂式和制动块式。图2-14为含制动臂的鼓式制动器，而图2-15所示为含制动块的鼓式制动器。

制动臂式鼓式制动器的电磁线圈可以是一组，而铁心则必须是两组。两组铁心分别作用于分立于两边的制动臂，制动臂上的制动闸衬作用于制动轮上。制动块式制动器的电磁线圈和铁心均按两组分设，铁心直接与制动闸衬相连，作用于制动轮上。

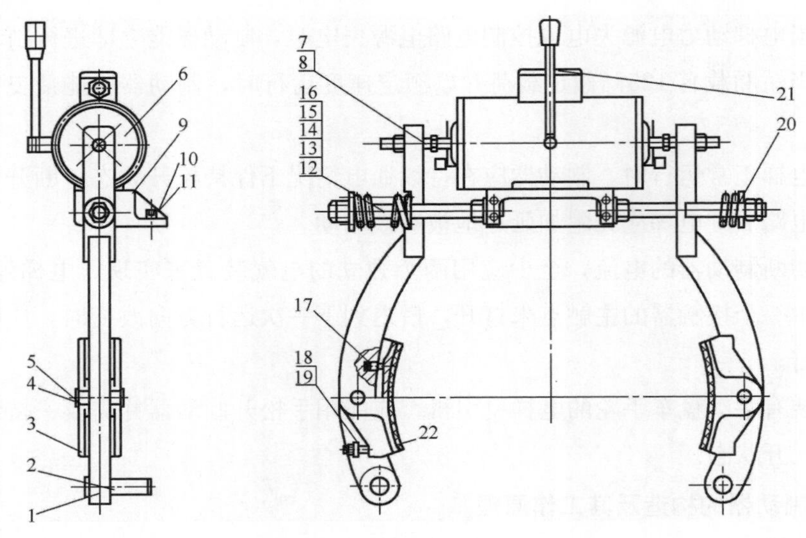

图 2-14　鼓式制动器(制动臂式)

1—制动臂　2—销轴Ⅰ　3—闸瓦　4—销轴Ⅱ　5—开口销　6—制动电磁铁　7—顶杆　8—限位螺母　9—电磁铁安装座　10—螺栓　11—弹垫　12—导向杆　13—锁紧螺母　14—六角螺母Ⅰ　15—六角薄螺母　16—弹簧座　17、18—限位螺钉　19—六角螺母Ⅱ　20—压紧弹簧　21　—电源盒(接线盒)　22—闸衬

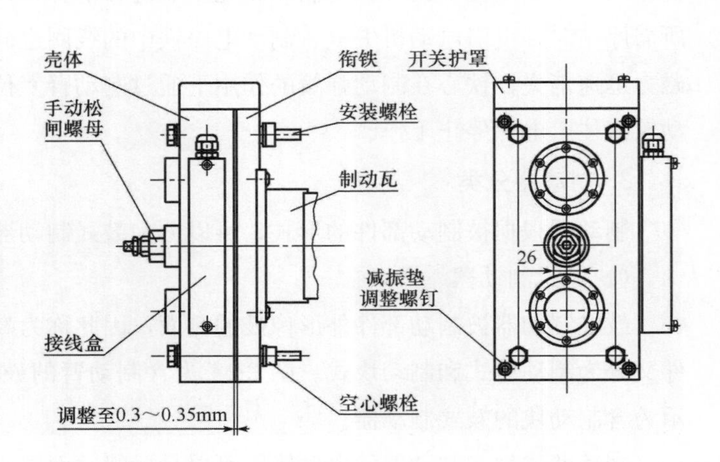

图 2-15　鼓式制动器(制动块式)

(2)盘式制动器

图 2-16 和图 2-17 为两种不同的盘式制动器形式，盘式制动器被制动部件是一个与曳引轮或曳引轮轴硬连接的制动盘。

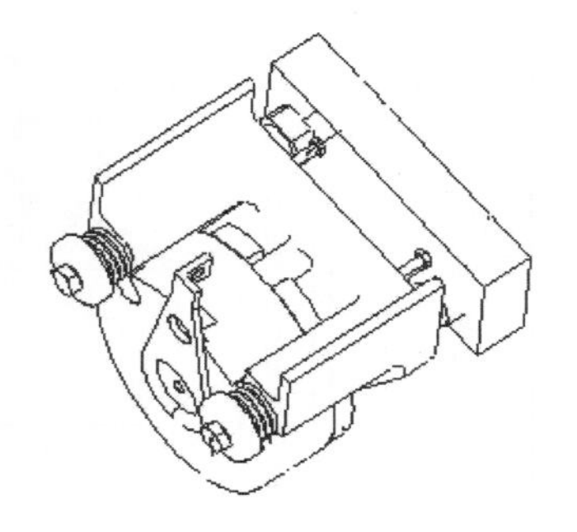

图 2-16　盘式制动器(一)

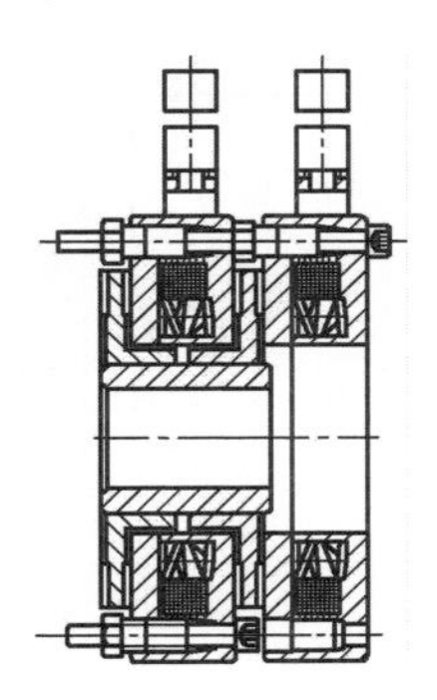

图 2-17　盘式制动器(二)

在图 2-16 和图 2-17 两种类型的盘式制动器原理是相同的，它们最大的不同点在于，图 2-16 中制动器闸衬是安装在铁心上；而图 2-17 制动器闸衬是安装在制动盘上。另外图 2-17 所示制动器的制动盘是浮动的，它与曳引轮轴在径向上是固定的，但在轴向上是可以活动的，当制动器打开，曳引机开始转动时，制动盘由于离心力的作用，在随曳引轮轴旋转的同时，离开与其接触的静盘或机壳体，保证了制动盘在转动时不与静盘摩擦。制动时，铁心被电磁铁释放，压在制动盘上，这样制动盘与静盘及铁心面接触，从而有效制动。

通过对于曳引机种类及制动器的了解，我们应该对曳引也有了一定的印象，下面的图 2-18 为内转子曳引机配后置式盘式制动器的剖面简图，通过这个简图，再复习一下曳引机结构。

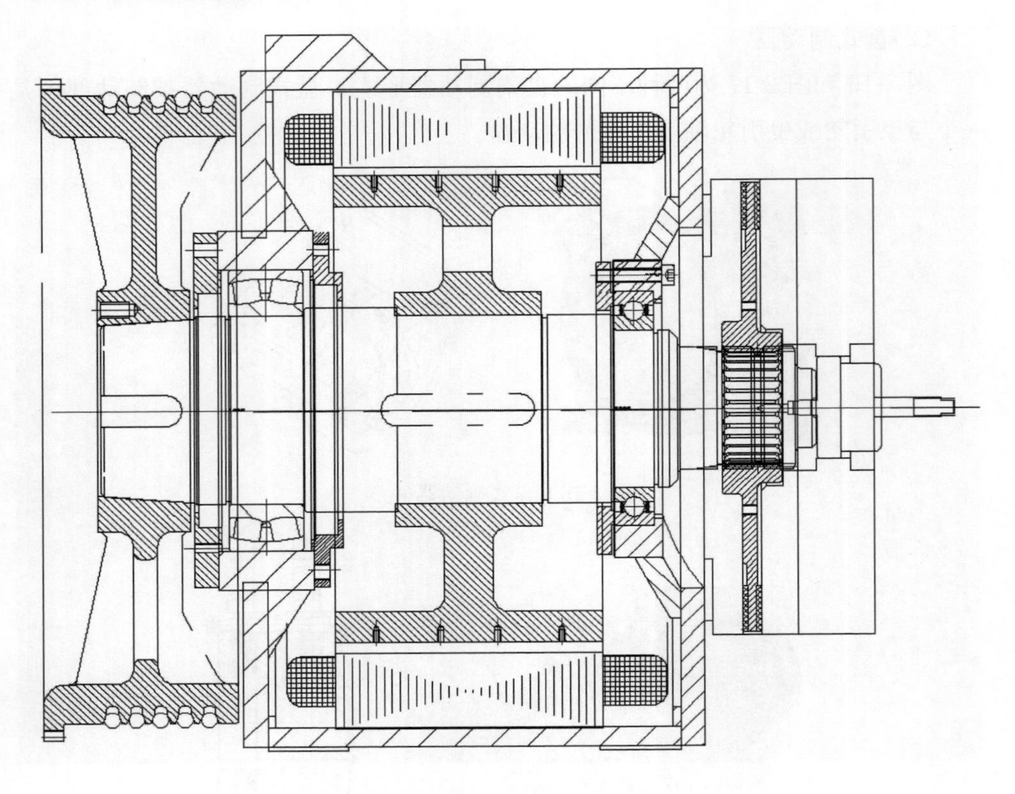

图 2-18　内转子曳引机剖面简图

图 2-18 中可以清晰地看到永磁同步无齿轮曳引机的主要构成部件：曳引轮，曳引轮轴，机壳(机座)，定子绕阻，转子磁极，轴承，制动器(包含制动盘)，速度反馈装置(编码器)等。

第三节　机器底座及承重梁

曳引电梯是通过曳引轮与钢丝绳之间的摩擦力来驱动悬挂在曳引轮两端的轿厢和对重，而钢丝绳悬挂在曳引轮上，所以，电梯轿厢和对重的重量需要由支撑曳引机的机器底座和支撑底座的承重梁来承担。因此，机器底座和承重梁的设计要满足一定的安全要求。

一、机房受力分布

要对机房承重部件进行合理的设计，首先要弄清楚作用于机房承重部件的力的分布情况。下面我们以常见的有机房客梯来进行分析。图 2-19 为有机房 2∶1 曳引比电梯机房受力分布，此示意图中没有对曳引机及机器底座重力进行表示，但在实际计算时需要考虑曳引机及机器底座对承重梁产生的影响。

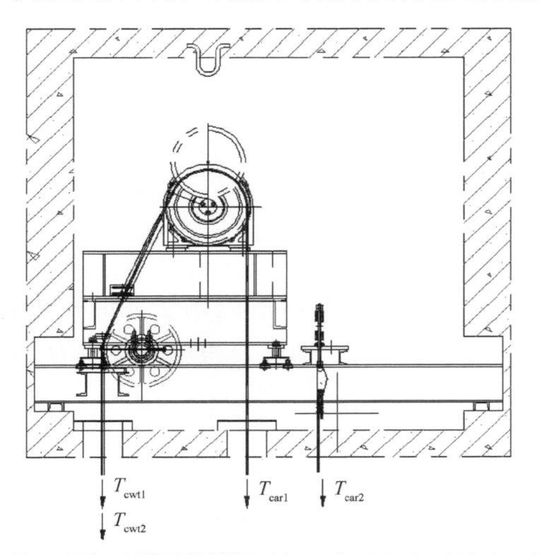

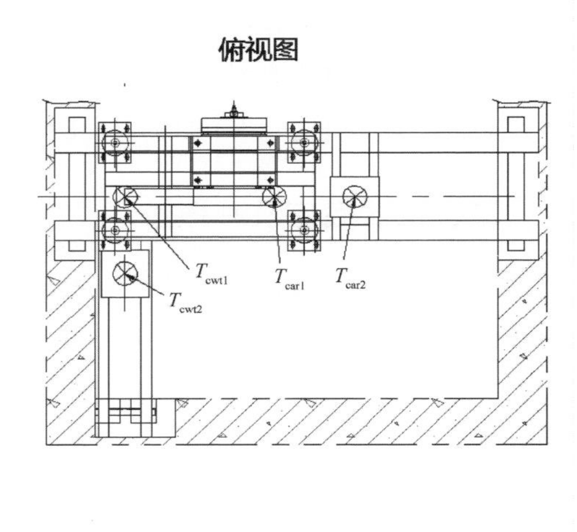

图 2-19　2∶1 曳引比电梯机房承重受力分布

其中 T_{car1} 为轿厢侧作用于曳引轮上的钢丝绳拉力

T_{car2} 为轿厢侧作用于绳头板上的钢丝绳拉力

T_{cwt1} 为对重侧作用于导向轮上的钢丝绳拉力

T_{cwt2} 为对重侧作用于绳头板上的钢丝绳拉力

当曳引比为 1∶1 时，轿厢侧及对重侧的钢丝绳拉力合并为一个，即 T_{car1} 与 T_{car2} 合并为 T_{car}，T_{cwt1} 与 T_{cwt2} 合并为 T_{cwt}。针对类似结构的有机房电梯，上面几个力的计算方法分别如下：

以 1000kg 为例，曳引比为 2∶1 时

$$T_{car1}=T_{car2}=(P+Q)g/R_{OPING}=(P+Q)g/2=(1100+1000)9.8/2=10290(\text{N})$$

$$T_{cwt1}=T_{cwt2}=(P+XQ)g/R_{OPING}=(P+Q50\%)g/2$$

$$=(1100+1000\times0.5)9.8/2=7840(\text{N})$$

曳引比为 1∶1 时

$T_{car}=(P+Q)g/R_{OPING}=(P+Q)g=(1100+1000)9.8=20580N$

$T_{cwt}=(P+XQ)g/R_{OPING}=(P+Q\times 50\%)g=(1100+1000\times 0.5)9.8$

$=16580(N)$

式中 P——轿厢空重，kg

Q——额定载重，kg

X——平衡系数，%

g——重力加速度$=9.81m/s^2$

R_{OPING}——曳引比（2∶1 时为 2，1∶1 时为 1）

二、机器底座及减振垫

机器底座用以支撑曳引机及悬挂在曳引轮上的轿厢及对重侧钢丝绳的拉力，而减振垫起到对曳引轮转动产生的振动进行隔振的作用。国标对曳引机安装的要求为：在轿厢空载与满载时，曳引轮与竖直面的倾斜角度不大于 1°。因此，在设计机器底座与减振垫时，均要考虑这一条件。

由图 2-20 可以看出，如果要保证轿厢空载和满载时曳引轮绳槽中心面倾斜角度均不大于 1°，那么 x_1 与 y_1，x_2 与 y_2 点的橡胶减振垫的压缩量应该基本保持一致。有两种方法可以实现这一点。一是采用两种不同硬度的橡胶来实现其在轿厢空载和满载时压缩量能保持一致；另外一种是采用相同硬度的橡胶，通过调整橡胶支承点的位置来保证前点（x_1 与 y_1）与后点（x_2 与 y_2）的力在轿厢空载及满载时均能保持一致。

在橡胶减振垫的设计中，要考虑减振垫减振频率的问题；减振垫的频率与硬度直接相关，因此，硬度只能在一个合适的范围内，而不是随意增减。于是，采用不同硬度的减振垫的方法在前点和后点的力分布的差异比较大时就有可能不可行。所以我们尽量优化机器底座的设计，使减振垫的支承点分布的更加合理，以使得前点和后点的力在不同的载重条件下保持同步。

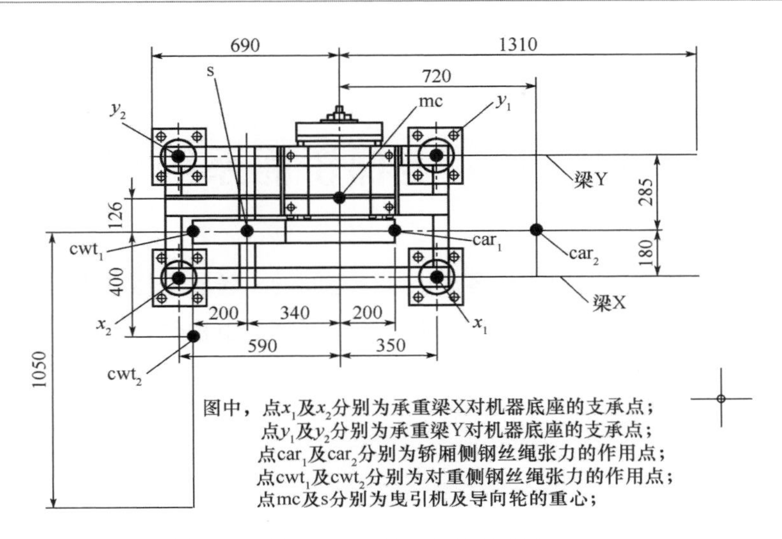

图 2-20　某 2∶1 有机房电梯机房承重受力

三、承重梁

承重梁要具有一定的强度及刚性，弯曲应力在动载情况下，安全系数在 2 倍以上，且形变量(挠度)不大于 $L/1200$mm。

思考题

1. 什么是曳引驱动？
2. 什么是曳引比？曳引比跟动滑轮有什么关系？
3. 曳引机有哪些类型？制动器有哪些类型？
4. 永磁同步曳引机的极数、极对数指的是什么？
5. 永磁同步曳引机转子是什么，定子是什么？
6. 永磁同步曳引机有哪些优势？
7. 有齿轮曳引机怎么区分左右置？

第三章　电梯轿厢系统

电梯轿厢是为乘坐电梯的乘客提供乘坐空间的。轿厢是运送乘客或货物的承载部件，而且轿厢是乘客乘坐电梯时唯一能接触到的电梯结构部件。轿厢内部一般安装有操纵箱，以供乘客选层。

第一节　电梯轿厢系统构成

一、轿厢系统的构成

轿厢系统一般由轿厢(轿底、轿壁、轿门、轿顶)、轿架等主要部件组成。通常轿厢系统结构按轿架形式可分为龙门架型和背包架型。而龙门架型结构又可以分为单龙门架、双龙门架、三龙门架等形式。图 3-1 所示为常见的轿厢系统结构外形。

电梯轿厢的基本形状一般分为方形轿厢、圆形轿厢、菱形轿厢等。圆形和菱形轿厢一般用于观光电梯(图 3-2 观光电梯轿厢)，这类轿厢观光面的轿壁为双层夹胶玻璃。而方形轿厢一般用于普通客梯，病床梯、货梯等。

通常客梯的轿厢宽大于深，这样有利于乘客快速上下，从而提高运送效率；而病床梯的轿厢宽度一般不小于 1.4m，深度一般不小于 2.4m，以方便病床进出；对于货梯，一般将轿厢做成深大于宽或者等于宽，这主要是考虑装卸货方便。

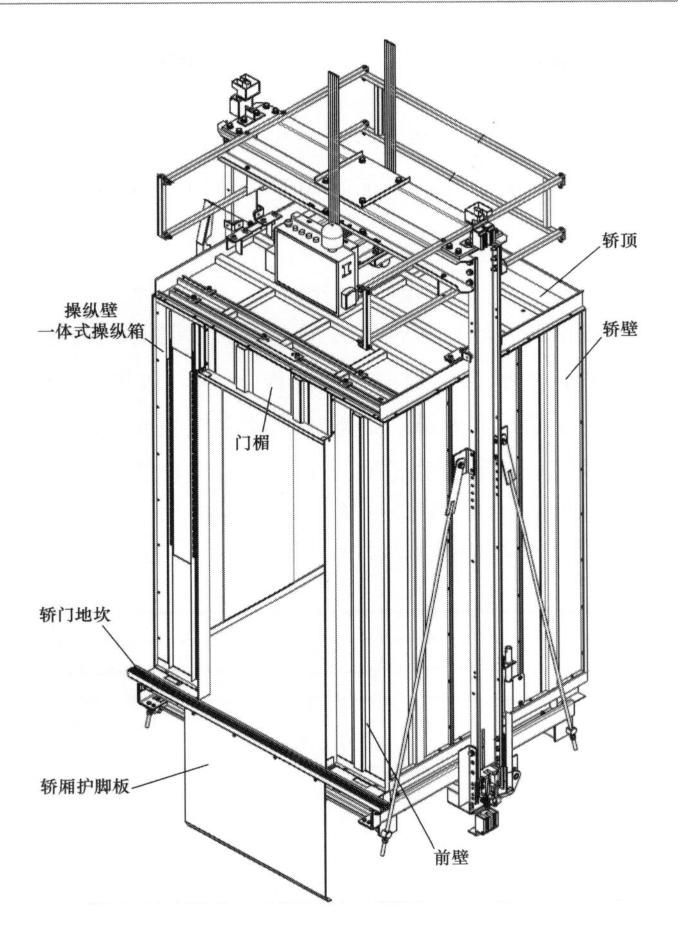

图 3-1　常见轿厢系统结构外形

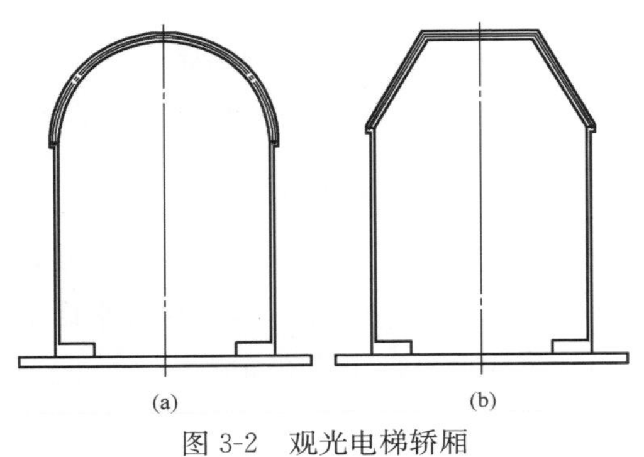

图 3-2　观光电梯轿厢

(a)半圆形观光梯轿厢　(b)菱形观光梯轿厢

二、轿厢

轿厢一般由轿底、轿壁、轿顶组成，除杂物电梯以外，轿厢需要达到 2m 以上的净高。并且除杂物梯外，轿厢上面必须安装轿门，轿门开门高度也需要达到 2m 以上。

1. 轿底

轿底一般由轿底框架，轿底板构成，框架一般由槽钢、角钢或者钢板折弯成形件焊接而成。轿底板一般为钢板，上面铺设 PCV、大理石、木地板等装饰材料。货梯的轿底板为了防滑和承载，一般由花纹钢板制成。对于乘客电梯，为了提高乘坐舒适性，轿底一般还分为轿底托架和活轿底两层，轿底托架和活轿底之间用橡胶或弹簧减振器隔开。如图 3-3 乘客电梯轿底。

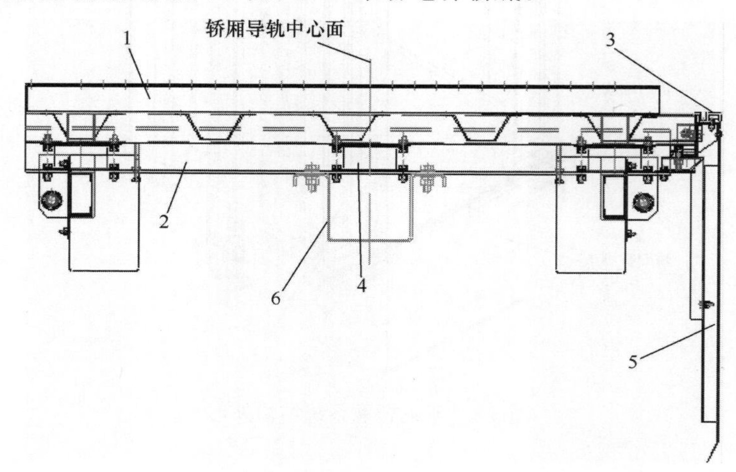

图 3-3　乘客电梯轿底

1—活轿底　2—轿底托架　3—轿厢地坎　4—减振垫　5—轿门护脚板　6—轿架下梁

在轿底的前沿，设有轿门地坎及轿厢护脚板。地坎上表面与轿底装饰后地面相平。轿厢护脚板宽度至少等于门入口的净宽度，其垂直部分高度至少为 0.75m，垂直部分以下应成斜面向下延伸，斜面与水平面的夹角应大于 60°，并且该斜面在水平面上的投影深度不得小于 20mm。

2. 轿壁

轿壁一般用 1.2～1.5mm 的薄钢板制成，每个面壁由多块折边的钢板拼装而成，每块轿壁之间可以嵌有镶条，这除了起装饰作用外，还可以起到减振作用。由于轿厢是人的乘坐空间，为了保证乘客安全，轿壁应该符合以下强度要求：轿壁安装好以后，应该满足在轿厢内的任何部位上，施加一个300N的力作用在$5cm^2$的圆形或方形面积上时，轿壁应该无永久变形且其弹性变形不超过15mm。图3-4轿壁结构，轿壁上的加强筋就是为了增加轿壁的强度和刚度。

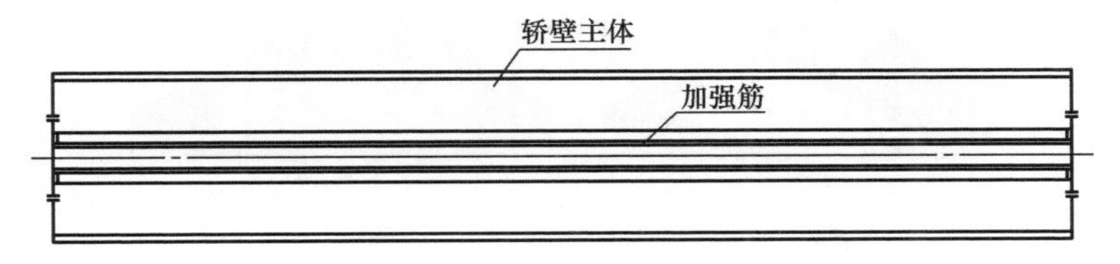

图3-4　轿壁结构

对于货梯或者病床电梯，为了防止叉车或病床磕碰轿壁，一般在容易被磕碰到的高度位置增加防撞板，防撞板一般为橡胶、木头或钢板料。

3. 轿顶

轿顶一般也是由薄钢板制成，在轿顶上设置有加强筋，为了满足轿顶两个检修人员站在上面工作不变形的强度要求（在轿顶上任意位置施加2000N的力，轿顶不得有永久变形），轿顶上应有$0.12m^2$的站人空间，且短边长度不小于0.25m。

轿顶上一般设置有风机、门机安装座、轿顶卡。轿顶卡是为了将轿厢上部与轿架立梁固定，防止轿厢倾斜。图3-5为一种乘客电梯的轿顶。

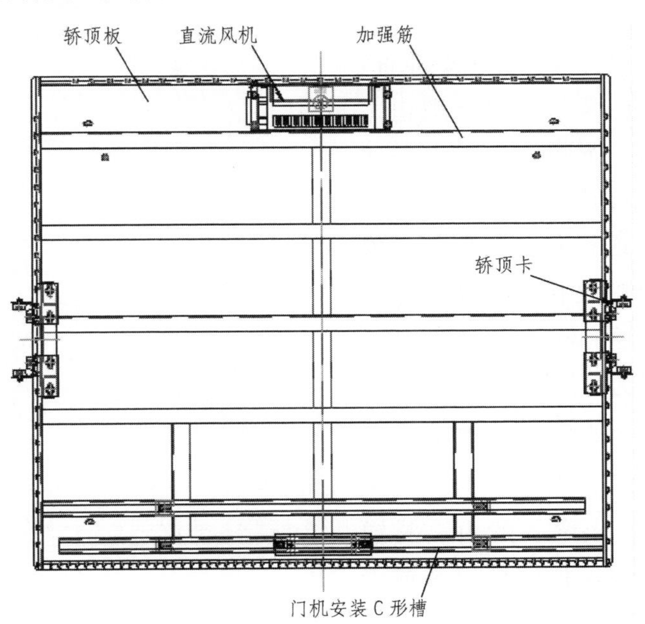

图3-5　乘客电梯轿顶

为了提高轿厢的视

觉效果，有时轿顶下方会有一个装饰顶，如图 3-6 为几种装饰轿顶的样式。

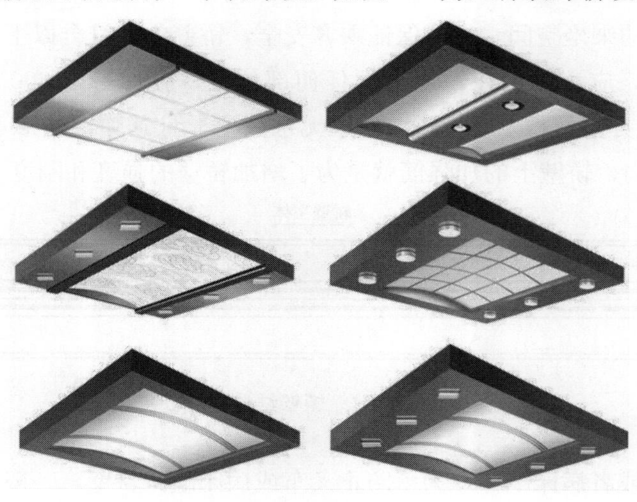

图 3-6　装饰轿顶

三、轿架

轿架是轿厢系统中提供承载的主要部件，龙门架型轿架一般由上梁、下梁、立梁、斜拉杆构成。轿架上安装有轿顶护栏、安全钳、安全钳提拉联动机构、轿厢返绳轮(曳引比为 1∶1 时为轿厢绳头板)、撞弓等，如图 3-7 所示。

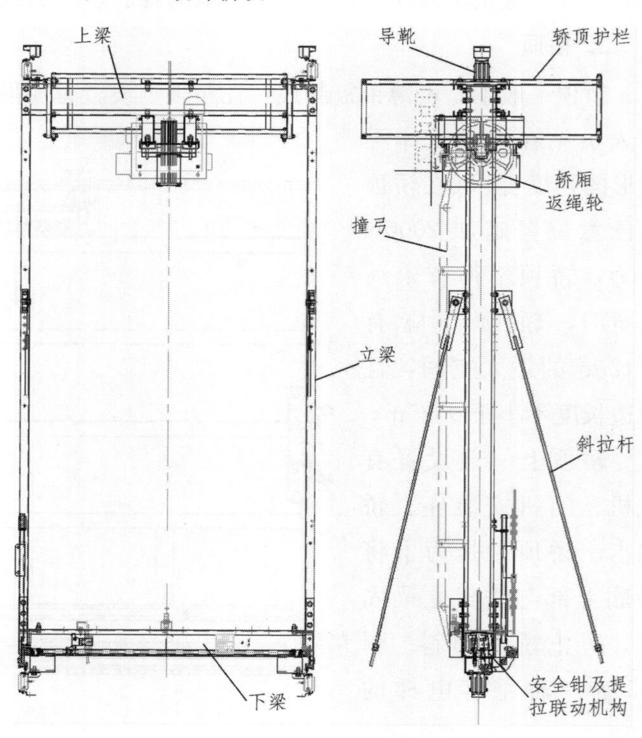

图 3-7　客梯轿架

1. 上梁

上梁一般由型材或者钢板折弯件组装或者焊接而成，上梁上有时会安装安全钳提拉联动机构。图 3-8(a)所示为一种型材上梁带安全钳提拉联动机构，(b)为一种中板折弯上梁。

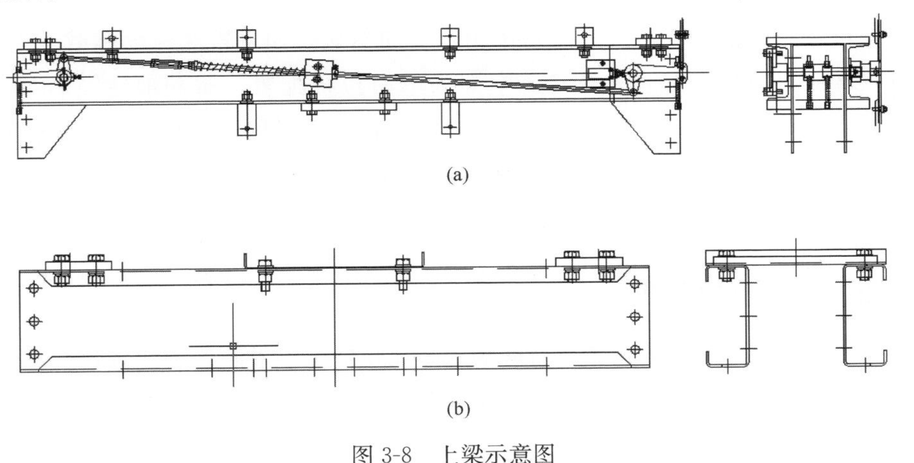

图 3-8　上梁示意图

2. 下梁

下梁安装于轿架下部，轿底安装于下梁上，因此下梁直接承受轿厢的重量。下梁与上梁结构类似，一般也是由型材或钢板折弯件组装或焊接而成。下梁会安装安全钳，当安全钳提拉联动机构下置时，也安装于下梁。另外下梁上还会安装有缓冲器撞板，以承受缓冲器撞击时的力。

图 3-9 所示为一种带安全钳及其提拉联动机构的中板折弯下梁组件。

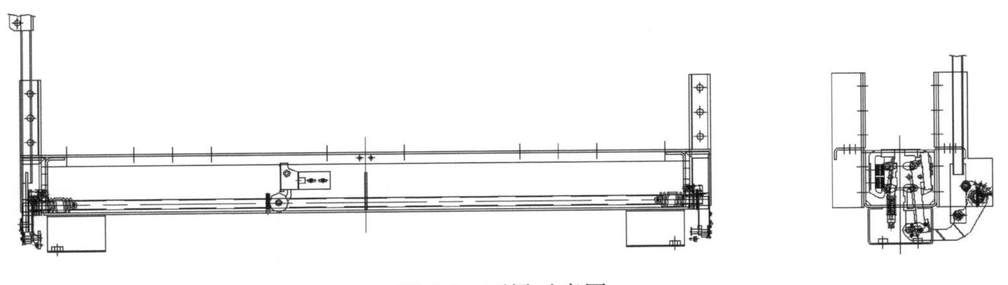

图 3-9　下梁示意图

3. 立梁

立梁分立于轿架两侧，上下端通过螺栓与上、下梁连接。立梁一般由槽钢或钢板折弯 C 形件构成，也有一些公司采用角钢或者成型角钢作为立梁。

4. 斜拉杆

斜拉杆的设置是为了增强轿厢的刚度，防止轿底因为负载偏心而前后倾斜。尤其是轿底深度较大时，斜拉杆的作用就更加明显。如果轿厢深度和载重都大，则可以增加斜拉杆的数量；图 3-7 中即为单斜拉杆配置，轿厢前后左右共需 4 根。如果为双斜拉杆，即在轿厢前后左右共设置 8 根斜拉杆。当然，如果轿厢深度较小，也可以不设置斜拉杆。合理的布置斜拉杆，可以大大改善轿厢的受力，甚至其可以承受轿厢八分之三的载荷。

四、轿厢有效面积

为了防止由于人员的超载，轿厢的有效面积应予以限制。为此额定载重量和最大有效面积之间有一定的关系，见表 3-1。

表 3-1　　轿厢最大有效面积

额定载重量/kg	轿厢最大有效面积/m^2	额定载重量/kg	轿厢最大有效面积/m^2
100[1)]	0.37	900	2.20
180[2)]	0.58	975	2.35
225	0.70	1000	2.40
300	0.90	1050	2.50
375	1.10	1125	2.65
400	1.17	1200	2.80
450	1.30	1250	2.90
525	1.45	1275	2.95
600	1.60	1350	3.10
630	1.66	1425	3.25
675	1.75	1500	3.40
750	1.90	1600	3.56
800	2.00	2000	4.20
825	2.05	2500[3)]	5.00

1)　一人电梯的最小值；

2)　二人电梯的最小值；

3)　额定载重量超过 2500kg 时，每增加 100kg，面积增加 0.16m^2。对中间的载重量，其面积由线性插入法确定。

表 3-1 是对轿厢最大有效面积的规定，同时为了保证乘坐电梯时，人员不过分拥挤，对于乘客数量也做出了规定。乘客数量应由下述方法获得：

1)按公式额定载重量/75 计算，计算结果向下圆整到最近的整数；或

2)取表 3-2 中较小的数值。

表 3-2　　最小轿厢面积对应的乘客人数

乘客人数/人	轿厢最小有效面积/m^2	乘客人数/人	轿厢最小有效面积/m^2
1	0.28	11	1.87
2	0.49	12	2.01
3	0.60	13	2.15
4	0.79	14	2.29
5	0.98	15	2.43
6	1.17	16	2.57
7	1.31	17	2.71
8	1.45	18	2.85
9	1.59	19	2.99
10	1.73	20	3.13

注：乘客人数超过 20 人时，每增加 1 人，增加 0.115m^2

对于货梯，为了防止不可排除的人员乘用可能发生的超载，轿厢面积应予以限制。通常，额定载重量和轿厢最大有效面积的关系也应按照表 3-1 的规定。特殊情况，为了满足使用要求而难以同时符合表 3-1 规定的载货电梯，在其安全受到有效控制的条件下，轿厢面积可超出表 3-1 的规定。

专供批准的且受过训练的使用者使用的非商用汽车电梯，额定载重量应按单位轿厢有效面积不小于 200kg/m^2 计算。

第二节　电梯轿架强度计算

电梯轿架属于一个超静定结构，细致的轿架应力计算需要用 ANSYS 等大型分析软件来进行有限元计算。但是由于轿架强度安全裕量比较大，可以对轿架进行较保守的分离式计算，即将轿架结构件在连接处释放掉一些约束，将结构件静

定化。下面介绍常用的简化算法，在计算过程中，不但要对结构模型进行简化，还要对计算载荷进行简化。

1. 上梁

轿架上梁可以近似地简化为简支梁，整个承受的载荷是轿厢的自重以及其他悬挂重量 P 和额定载重量 Q(图 3-10)。假设上梁的抗弯截面模量为 W_n。则：

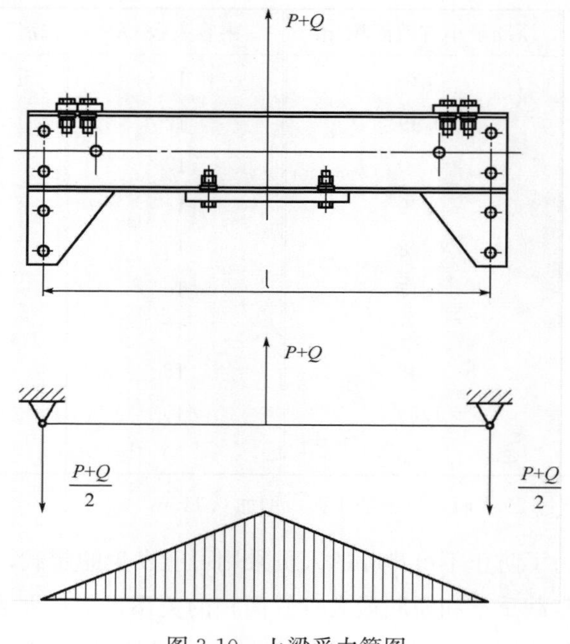

图 3-10　上梁受力简图

对于曳引比为 1∶1 的情况，最大正应力为

$$\sigma_{max}=\frac{(P+Q)gL}{4W_n}$$

对于曳引比为 2∶1 的情况，最大正应力为

$$\sigma_{max}=\frac{(P+Q)gL}{2W_n}$$

2. 下梁

下梁的受力分为两种情况，一是正常受力工况，其受力主要为轿厢自重及轿厢载荷作用于下梁上的部分，以及随行电缆与补偿链(补偿绳)悬挂作用力。另外一种情况是轿厢下行撞击缓冲器时缓冲器对下梁的冲击力。

对于正常受力工况，下梁受力分析简化方法与上梁相同，当轿底为单轿底时，将 $P+Q$ 分为两个集中载荷分别作用于下梁与轿底的连接点上；当轿底由两块或三块轿底同时安装于下梁上时，则集中载荷再根据轿底的数量及安装位置进行分拆或合并。

对于紧急工况，轿厢失控撞缓冲器，缓冲器反作用使下梁承受冲击载荷，可以将下梁受力简化为 $P+Q$ 的一半分别作用于下梁的两端，同时缓冲器的反作用力作用于下梁的中间(如果使用一个缓冲器时)，则下梁的计算应力为：

$$\sigma=\frac{(P+Q)gL_0}{2Z_n}$$

式中　L_0——轿厢轨距

Z_n——下梁抗弯截面模量

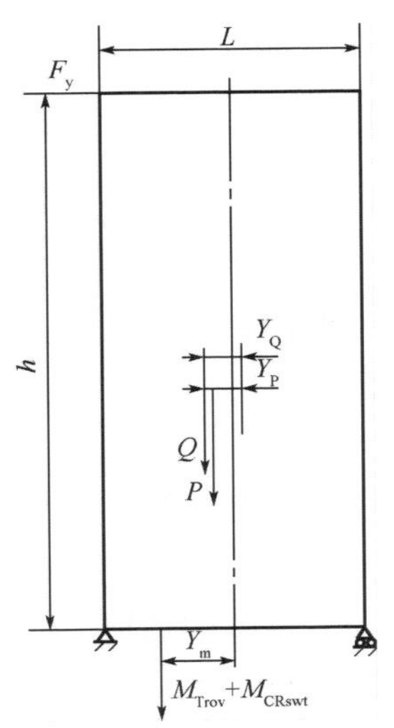

图 3-11　立梁计算简图

当使用两个以上的缓冲器时，可根据缓冲器在底坑的设置位置，按同样的方法进行计算。

3. 立梁

为了简化轿架立梁计算，进行如下假设：

1)轿架只考虑上下左右两维受力，忽略前后偏心弯矩；

2)轿架在安全钳动作和轿厢撞击缓冲器时忽略轿架自重惯性力对立梁的

作用；

3)轿架上梁、下梁和立梁的惯性矩按近似相等计算。

立梁受到拉伸和弯曲的组合作用时，最大正应力为：

$$\sigma_{max}=\sigma_1+\sigma_2$$

$$\sigma_1=\frac{F}{A}=\frac{(PQ+M_{Trav}+M_{CRcar})g}{2A}$$

$$\sigma_2=\frac{(F_y+F_m)h}{4}$$

$$F_y=\frac{g(QY_q+PY_p)}{4}$$

$$F_{y_m}=\frac{Y_m g(M_{Trav}+M_{CRcar})}{h}$$

式中 σ_1——拉应力

σ_2——弯曲应力

M_{Trav}——随行电缆重量

M_{CRcar}——补偿链重量

F_y——轿厢自重及载重作用在轿架上的偏心力

F_m——随行电缆和补偿链的偏心力

Y_q——轿厢载重偏心距离

Y_p——轿厢自重偏心距离

Y_m——补偿链和随行电缆的重力的偏心距离

当然，立梁设计计算时，还应该考虑当轿厢安全钳动作或轿厢压缩缓冲器时立梁的受压稳定性，通常情况下，立梁的细长比应该满足：

$$\frac{h}{I_C}\leqslant 120$$

当斜拉杆的上拉点位置从立梁的下端点算起，小于 h 的 2/3 时，立梁的细长比可以满足下式：

$$\frac{h}{I_C}\leqslant 160$$

思考题

1. 轿架由哪几个主要部件构成？

2. 轿厢由哪几个大部件构成？

3. 轿架下梁强度计算时，除了应该考虑轿厢自重和载重，还应该考虑什么因素？

4. 轿架立梁强度计算时，轿厢侧倾的力是怎么考虑的？

第四章　电梯对重

曳引电梯对重系统在曳引系统中起到平衡轿厢的重量和部分电梯载重，减少电机功率损耗的作用。而且当电梯负载与对重十分匹配时，电梯需要的曳引力就减小，这样也可以延长钢丝绳的寿命。对重重量一般为：

$$G_{CWT}=P+qQ$$

式中　G_{CWT}——对重总重量

P——轿厢空重

q——电梯平衡系数

Q——额定载重

电梯平衡系数一般为 0.4～0.5，如果电梯经常轻载，平衡系数取小值；如果电梯经常重载，平衡系数取大值。比如高档酒店的大厅用乘客电梯或高级写字楼用乘客电梯，经常会满载运行，因此一般将这些电梯的平衡系数设置为0.48～0.5；而对于一般小高层住宅楼，一般平衡系数设置为 0.43～0.45；对于一些货梯，由于货物体积大而很难达到满载，一般将平衡系数设置为 0.4～0.43。

对重一般由对重框架、对重块以及安装在对重框架上的导靴、油杯、缓冲器撞板、补偿链悬挂支架(如有)组成，当对重井道下方有人能进入的空间，那么对重框架上还应安装安全钳及安全钳连动机构。

第一节　电梯对重框架

对重框架为对重块的放置提供支撑，起到使对重与钢丝绳连接，与导轨配合限制对重自由度的作用，并在对重蹲底时起到保护对重块的作用。

对重框架一般由型材或成型钢板制成。如果曳引比为 1∶1，那么对重上梁上方应有绳头组合的安装板。如果曳引比大于 1∶1，那么对重上梁上应该安装有返绳轮。图 4-1 即为几种对重架结构。如果对重系统有返绳轮，那么返绳轮上方应该安装有防护罩，并且返绳轮与钢丝绳切线位置附近应该设置有挡绳装置，以防止钢丝绳脱槽。

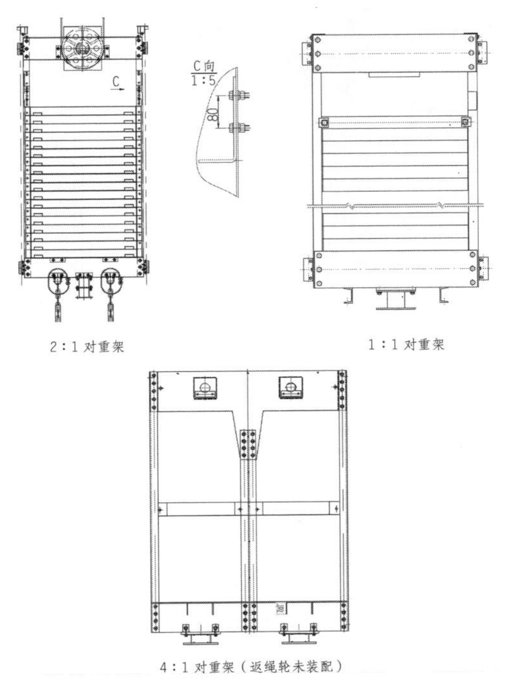

图 4-1 对重框架简图

对重块放置在对重框架内，为了保证对重块在发生意外情况时不脱离对重框架，必须设置一个装置，避免对重块脱出。比如在对重块上方设置一对压板分别压住对重块两端，也可以在对重块上方设置一对角放置的压板来起到相同的作用。

对重的运行区域应采用刚性隔障防护，通常将该隔障称为对重护板。该隔障从电梯底坑地面上不大于 0.30m 处向上延伸到至少 2.50m 的高度。其宽度应至少等于对重（或平衡重）宽度两边各加 0.10m。如果这种隔障是网孔型的，则网孔不得穿过直径为 8mm 的圆柱体。

特殊情况下，为了满足底坑安装的电梯部件（比如补偿链或补偿绳装置）的位置要求，允许在该隔障上开尽量小的缺口，此缺口上沿离底坑地面的高度不大于 0.50m。图 4-2 为两种材料的对重护板。图(a)为钢板网；图(b)为钢板成型，成型是为了增加其强度。图(c)是示意对重护板与对重及对重导轨的位置关系的。

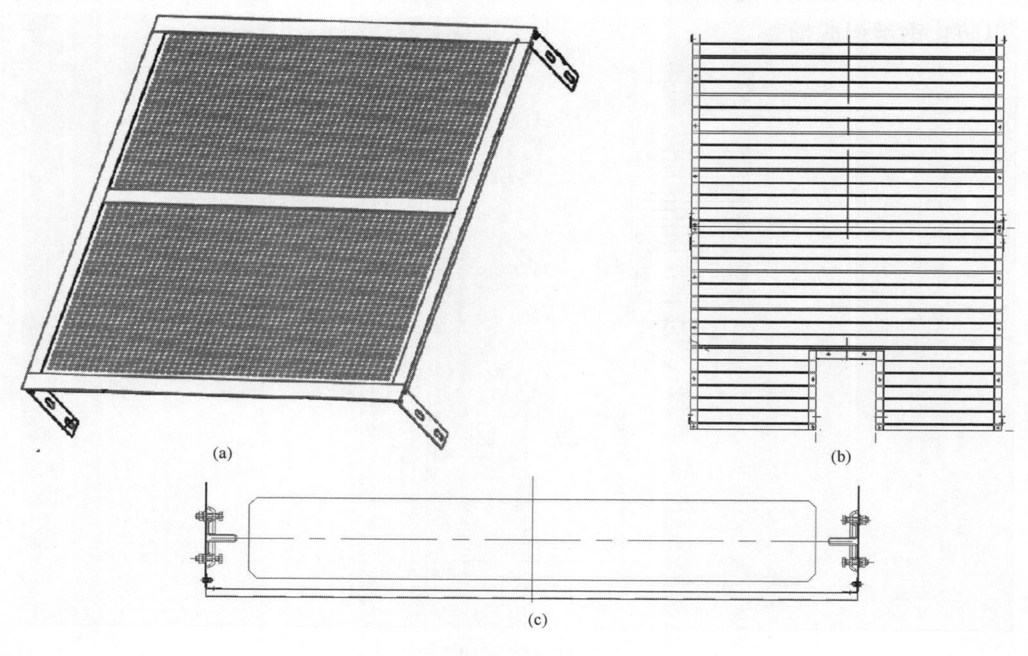

图 4-2　对重护板示意图

当对重需要设置安全钳时，需要考虑安全钳提拉机构及限速器张紧装置的安装空间，避免部件之间干涉。

第二节　电梯对重块

对重系统的重量，主要来自于对重块，一般来讲，1000kg 的 2∶1 曳引比乘客电梯，对重架的重量一般在 150kg 左右。而如果按平衡系数 0.48 计算，假如轿厢空重为 1100kg，则根据对重公式，对重总重量应该为：

$$G_{CWT}=P+qQ=1100+0.48\times1000=1580(\text{kg})$$

则对重块重量就需要 1580－150＝1430kg。可见对重块的重要性。

对重块可以由多种高密度材料制成，现在市场上最常用的是铸铁对重块和水泥与高密度铁矿石粉末混合制成的混合对重块。铸铁对重块材为一般为 HT100，其密度一般为 6600kg/m³。矿粉混合对重块平均密度一般为 3100～3400kg/m³，根据每个公司的需要调整矿粉的含量即可以得到相应的密度。

为了方便安装搬运，对重块每件重量一般不大于 50kg，并且，对重块下方一般对称设置有防压缺口，防止工人在搬运和安装时压到手。另外，对重块两端由于要放入对重架的立梁，一般会按立梁的开口形状设计对重块的头部形状。比如立梁槽钢为 12＃槽钢，则对重块端部会按放入 12＃槽钢并留一定的余量设计。图 4-3 为混合对重块的图纸。图 4-3 中对重块平均密度约为 3200kg/m³，配 12＃槽钢立梁。

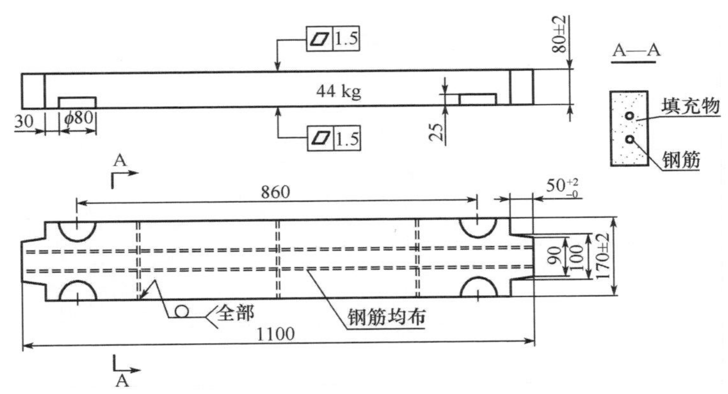

图 4-3 混合对重块

由于混合材料强度不如铸铁，为了保证对重块在 1m 高度自由落体后不破碎，需要在对重块内部布置一些钢筋，并且外面一般用薄钢板包住。为了保证电梯平衡系数，混合对重块还需要控制其吸水性，吸水性不得大于 1%。对重块侧面喷上单块重量是为了方便管理，也方便现场调整电梯平衡系数。

有的时候，为了保证电梯顶层高度，对重架的高度控制在一定范围内，这样单放混合对重块有可能不能满足重量的要求，这时就可以采用混合对重块加铸铁对重块的混合放置方式。

如果全部放置铸铁对重块也不能满足重量要求，有时候还可以采用钢板切割成形的对重块。但是如果钢板对重块也不能满足重量要求，也可以在采用空心铸铁对重块内灌入铅的方式来增加对重块密度，从而在不增加对重块和对重架高度的情况下增加对重总重量。

图 4-4 为铸铁对重块图纸，图 4-5 为钢板对重块图纸。

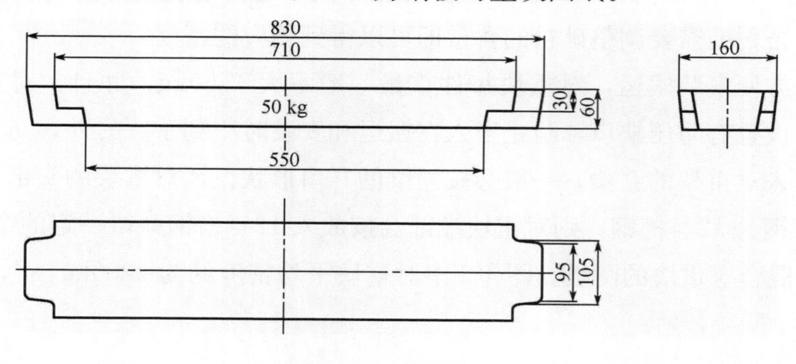

图 4-4 铸铁对重块

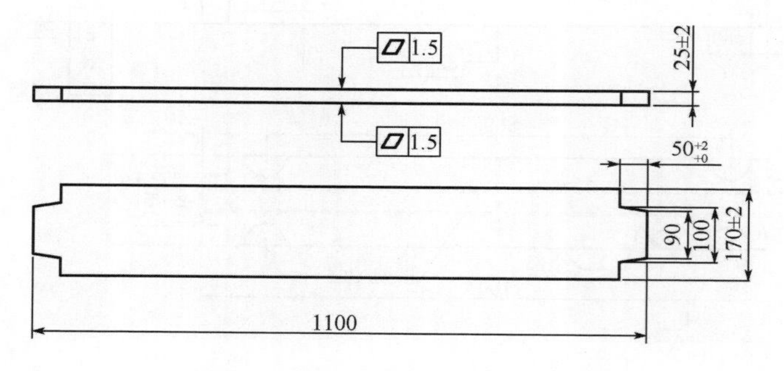

图 4-5 钢板对重块

思考题

1. 对重系统由哪些部件构成？
2. 对重防护栏有哪些安装要求？如何防止对重块坠落？

第五章　电梯导向系统

电梯导向系统一般由导轨、导靴、导轨支架、导轨润滑器组成。导轨在井道中确定轿厢与对重的相互位置，并对它们的运动起导向作用的组件，一般由钢轨与连接板构成；导靴安装在轿厢和对重架上，与导轨配合，强制轿厢和对重的运动服从于导轨。导轨支架是支承导轨的组件，固定在井道壁上。导轨润滑器为滑动导靴在导轨上的滑动提供润滑油，以减缓导靴靴衬的磨损。

第一节　电 梯 导 轨

电梯是轿厢沿着至少两列垂直于水平面或与铅垂线倾斜角小于15°的刚性导轨运动的永久运输设备。可见，导轨在电梯中起到至关重要的作用。导轨的主要作用有以下三条：

1)限制轿厢和对重的活动自由度，使轿厢和对重只能沿着导轨上下作升降运动；

2)安全钳动作时，导轨作为被夹持的支承件，支承轿厢或对重；

3)防止由于偏载而产生的轿厢倾斜。

一、导轨种类

导轨通常采用机械加工方式或冷拔加工方式制成，其抗拉强度一般应在370～520MPa。按其横向截面形状分主要有：T形导轨、L(或三角)形导轨、U形导轨、O形导轨、空心导轨等。常见导轨截面形状如图5-1所示。

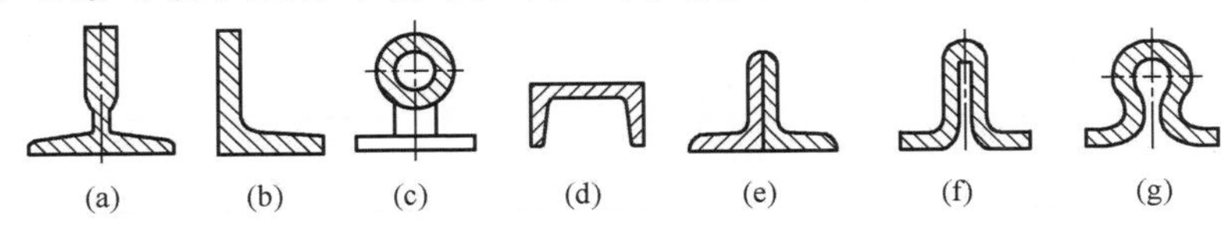

图5-1　常见导轨截面形状

L形导轨、U形导轨、O形导轨的工作表面一般不作加工，通常用于一些速度较低，对运行平稳性要求不高的电梯如杂物梯、建筑工程梯等；空心导轨大多用于电梯速度要求不高的对重导轨。T形导轨具有良好的抗弯性及加工性，大量用作电梯导轨。

二、T形导轨

日本采用最终加工后每米导轨的重量作为规格区分，比如8kg，13kg导轨。中国电梯用T形导轨采用国标GB/T22562－2008《电梯T形导轨》，严格的导轨命名如：GB/T22562－T89/B。

可见导轨命名中有四个要素：

第一要素：标准编号并在其后加“－”；

第二要素：导轨形状“T”；

第三要素：导轨背部宽度的圆整值，必要时带有相同宽度背部但不同部面的编号，如：45、50、70、75、78、82、89、90、114、125、127-1、127-2、140-1、140-2、140-3。

第四要素：加工工艺，/A为冷拔加工，/B为机械加工，/BE为高质量机械加工。

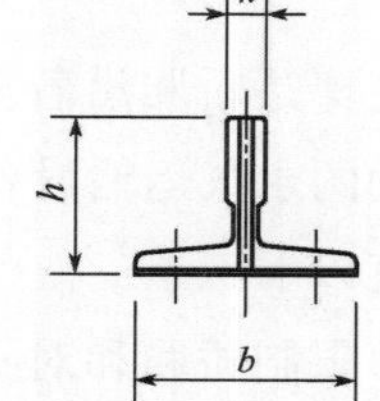

图5-2　T形导轨主要尺寸

导轨的主要参数见图5-2 T形导轨主要尺寸及表5-1 T形导轨主要尺寸及公差。表中所列为常见导轨尺寸，而T82/B更是行业尺寸，与旧的电梯T形导轨标准JG 5072.1－1996中所规定的尺寸有所不同。

表5-1　导轨主要尺寸和公差

型号和公差	b	h	k
T75－3/B	75	62	10
T78/B	78	56	10
T82/B	82	62	16
T89/B	89	62	16
T90/B	90	75	16

续表

型号和公差	b	h	k
T114/B	114	89	16
T125/B或/BE	125	82	16
T127－1/B或/BE	127	89	16
T127－2/B或/BE	127	89	16
T140－1/B或/BE	140	108	19
T140－2/B或/BE	140	102	28.6
T140－3/B或/BE	140	127	31.75
公差/B类别	±1.5	±0.75	＋0.10
公差/BE类别	±1.5	±0.75	＋0.050

三、空心导轨

空心导轨即由钢板经冷态折弯（或滚压）成空腹的T形电梯对重用导轨，由于其空心的特性，它能降低导轨重量及成本，满足对重导向的作用，但是不能承受安全钳的夹持力，所以它仅用于不装对重安全钳的，电梯速度不高的对重导轨。

空心导轨的命名由类、组、型、特性、主参数和变形代号组成。

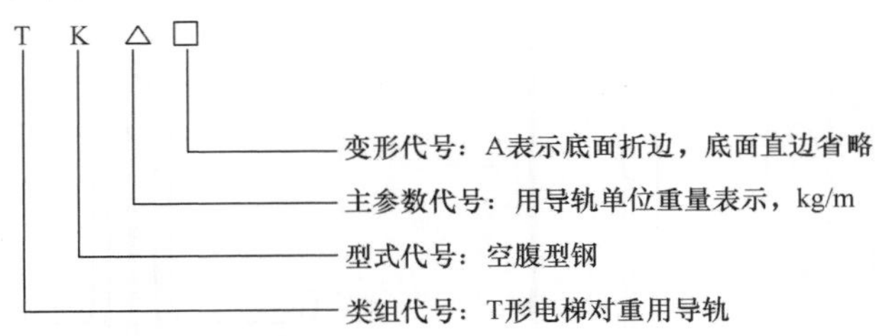

例如：TK5A代表5kg/m带折边的T形空心导轨。

图5-3所示为带折弯边的空心导轨外形，表5-2为空心导轨外形尺寸。

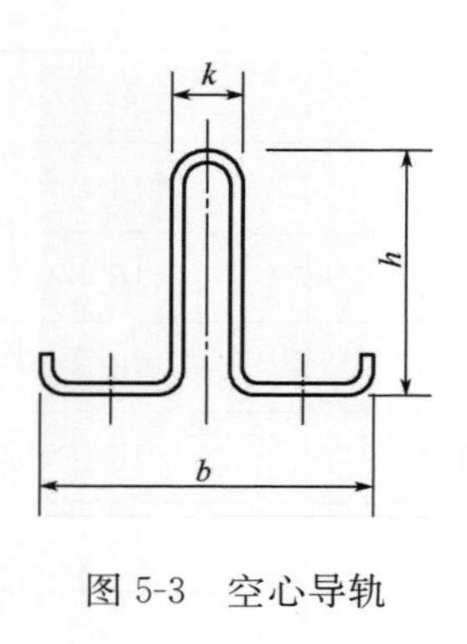

图 5-3 空心导轨

表 5-2 空心导轨外形尺寸 单位：mm

型号	b	h	k
TK3	87	60	16.4
TK5	87	60	16.4
TK8	100	80	22
TK3A	78	60	16.4
TK5A	78	60	16.4

四、导轨的连接

为了方便加工且不浪费导轨，将导轨长度定为 2.5m、3m、4m、5m 几种规格，标准导轨长度为 5m。对于 T 形导轨，两头有榫和榫槽，导轨端翼缘底面有一加工平面，用于导轨连接板的安装，每根导轨端部至少用 4 个螺栓与导轨连接板固定。空心导轨两端没有榫和榫槽，空心导轨连接板分实心连接板件和空心连接板件，而图 5-4 所示即为最常用的空心连接板件。

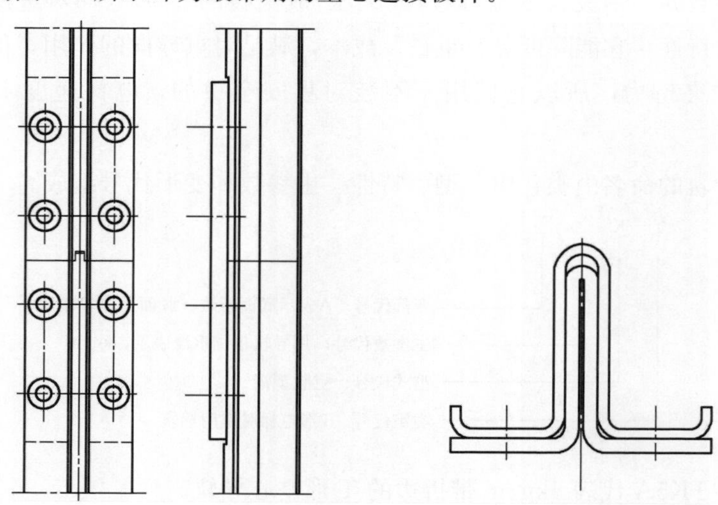

图 5-4 导轨连接

第二节　导轨支架

导轨支架作为导轨的支承件，被安装在井道壁上。它固定了导轨的空间位置并承受来自导轨的各种作用力。导轨支架形式有：山形导轨支架、L形导轨支架、框形导轨支架等，如图5-5所示。

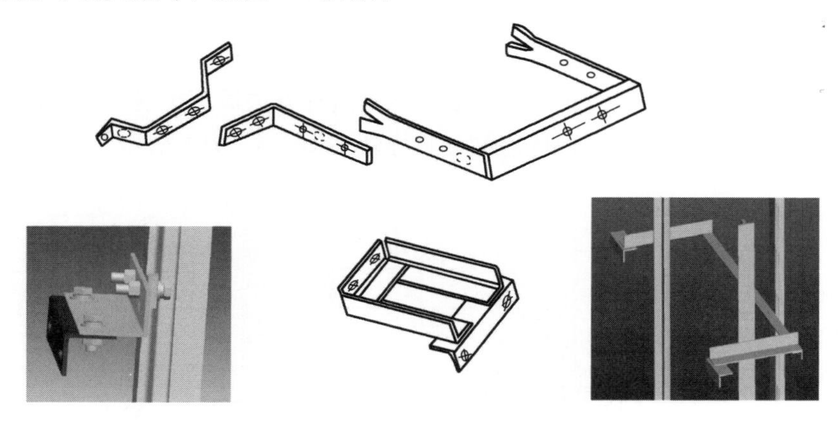

图5-5　各种形状的导轨支架

固定导轨的导轨支架除了应具有一定的强度外，还应该具有一定的调节量，以弥补电梯井道建筑误差给导轨安装带来的不良影响。图5-5中下面三种导轨支架均具有一定的调节裕度。

一、导轨支架的安装

导轨支架可以预埋，也可以安装电梯时再架设。具体的安装方法有下面几种。

1. 预埋螺栓或直接埋设固定法

当井道墙壁厚度大于150mm时，可以采用预留孔方法固定导轨支架，埋入深度不小于120mm，并用混凝土浇灌填充[图5-6(a)]。

2. 对穿螺栓固定法

当井道墙壁厚度小于150mm，或者井道墙壁强度不能达到安装要求时，可以在井道壁两侧使用钢板或铁板采用对穿螺栓来固定导轨支架[图 5-6(b)]。

3. 预埋钢板焊接固定法

此种方法适用于混凝土井道墙壁，在建筑施工期间即根据土建布置图预留孔位置预埋钢板或铁板，导轨支架则焊接在钢板或铁板上[图 5-6(c)]。

4. 预埋 C 形槽固定架

当井道墙壁厚度小于 150mm 时，可以预埋 C 形槽固定架，将导轨或导轨支架安装于 C 形槽上，可以方便位置调节[图 5-6(d)]。

5. 膨胀螺栓固定法

这是目前使用最为广泛的一种安装方法。这种方法适宜于混凝土墙或实心砖墙，用冲击钻钻孔后安装金属膨胀螺栓将导轨支架固定[图 5-6(e)]。

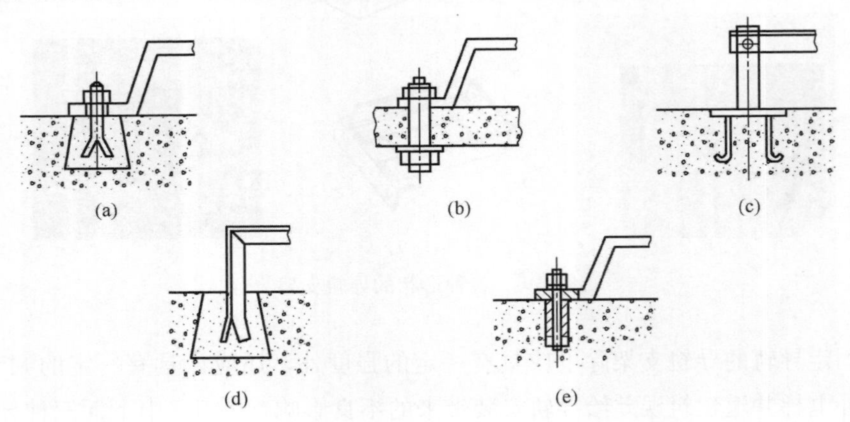

图 5-6　支架安装

二、导轨的安装要求

导轨安装时，榫朝上，榫槽朝下，导轨下端面放置在安装于井道底坑地面上的导轨底座上，导轨底座是为了增加导轨与地面的接触面积，减小底坑地面变形。每根导轨上至少有两档导轨支架，并且导轨支架的间距不大于 2.5m，从经济性讲，导轨支架的间距与电梯额定载重，额定速度以及所选用的安全钳形式有关。

导轨与导轨支架的固定有螺栓固定与压板固定两种方式。螺栓固定只适用于低行程的杂物电梯或低速小吨位电梯的对重导轨，因为导轨不能相对移动，当井道壁下沉或导轨热胀冷缩时，容易造成导轨弯曲，故在实际中很少使用。而采用压板固定，导轨与压板之间可以有微量的相对移动，这就可以消除井道壁沉降及导轨热胀冷缩所带来的影响。图 5-7 即为采用压板的导轨安装。

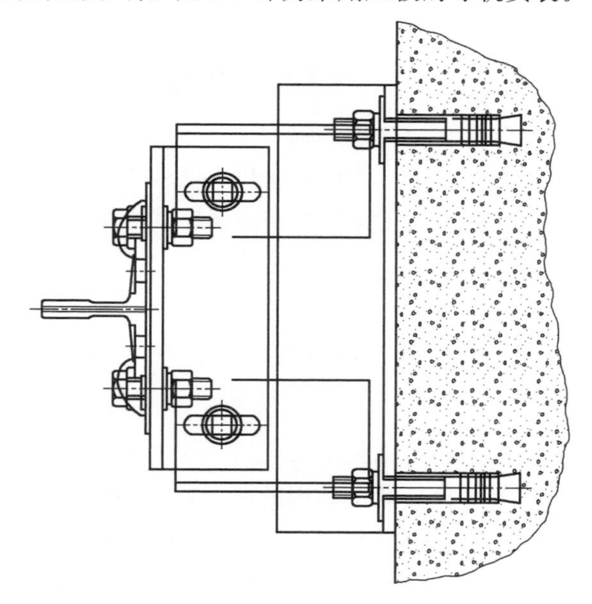

图 5-7　导轨安装

导轨在安装时应严格保持垂直，以保证电梯运行平稳性。如果导轨接头处安装不平或间隙太大，会使电梯轿厢产生水平振动，速度越高，振动越明显。因此，对导轨及支架的安装，提出了以下要求：

1)导轨工作面及两端榫头连接处要清洗干净，并检查导轨的直线度及扭转度，单根导轨全长偏差应≤0.7mm。

2)导轨接头处允许台阶应≤0.05mm。

3)导轨工作面接头处不应有连续缝隙，且局部缝隙≤0.5mm。

4)导轨接头处的修光长度应≥150mm。

5)每根导轨侧工作面对安装基准线的偏差应≤0.6mm/5m，互相偏差在整个高度上应≤1m。

6)两根对应导轨间的轨距偏差为：轿厢导轨：0～＋2mm，对重导轨：0～＋3mm。

7)导轨底部应垫实或支承在弹性基座上。

8)导轨支架的不水平度≤1.5%。

第三节　导靴及导轨润滑

导靴安装在轿架或对重架上，使得轿厢和对重只能沿着导轨运行，根据导靴在导轨上的运动方式，可以分为滑动导靴和滚动导靴两种。

一、滑动导靴

滑动导靴按照靴衬是否固定不动，可以分为两种。

1. 固定滑动导靴

一种固定滑动导靴由靴衬和靴座组成，如图 5-8 所示。它的靴衬使用耐磨材料，固定滑动导靴的靴座是固定死的，因此靴衬底部与导轨顶端必须要有间隙，一般为 0.5～1mm，适用于额定速度不大于 1m/s 的低速梯轿厢导靴及速度不大于 1.75m/s 的对重导靴。

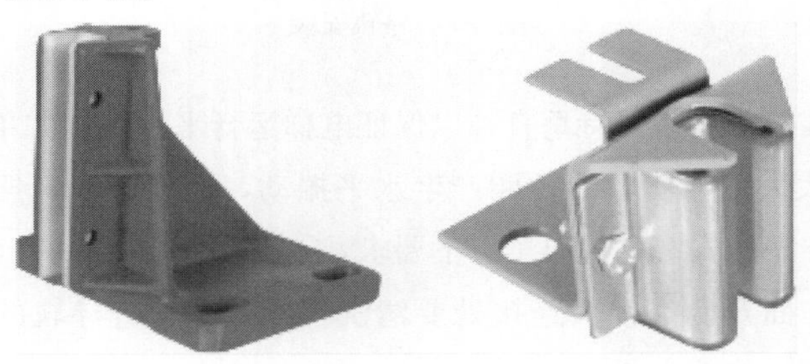

图 5-8　固定滑动导靴

2. 弹性滑动导靴

一种弹性滑动导靴，靴衬与靴座之间有减振橡胶垫，有一定的缓冲作用。如图 5-9 所示。这种滑动导靴可用于速度不大于 1.75m/s 的轿厢导靴及速度不大于 2.5m/s 的对重导靴。

图 5-9　弹性滑动导靴(一)

另外一种弹性滑动导靴由靴座、靴头、靴衬、靴轴、压缩弹簧或橡胶弹簧及调节螺母组成。这种弹性滑动导靴的靴头是浮动的，在弹簧力的作用下，靴衬的底部始终紧贴在导轨端面上，具有吸收振动和冲击的作用。通过调整导靴的初始压力来改善电梯的运行平稳性及启动舒适感，初始压力的调整与轿厢偏载力及电梯的自重、额定载重量有关，如图 5-10 所示为这种弹性滑动导靴，这种导靴适用速度不大于 2.5m/s 的快速梯。

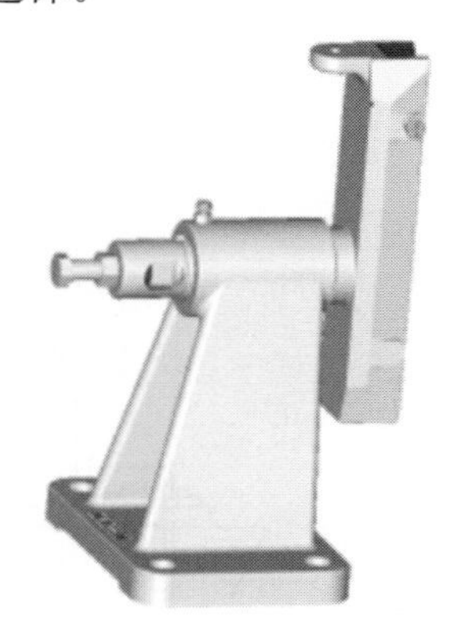

图 5-10　弹性滑动导靴(二)

二、导轨润滑

滑动导靴在电梯运行过程中靴衬与导轨处于摩擦状态，因此需要润滑油润滑，以减缓靴衬磨损。

润滑油装在导轨润滑器(又称油杯、油壶)中，通过润滑器上的毛毡不断地将油虹吸出并均匀地涂在导轨上。导轨润滑器一般安装在轿架或对重架上部的滑动导靴上。如图 5-11 所示为导轨润滑器及其安装。

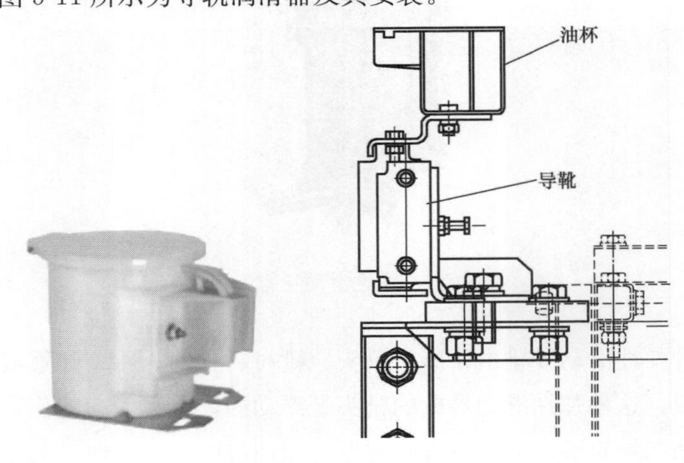

图 5-11　油杯及油杯安装

由于润滑油不断地涂抹在导轨面上，积累一定的量后，就会向下流到底坑里，因此，为了使底坑保持干净，通常在导轨下方放置一接油盒，以收集流下来的润滑油。如图 5-12 所示。

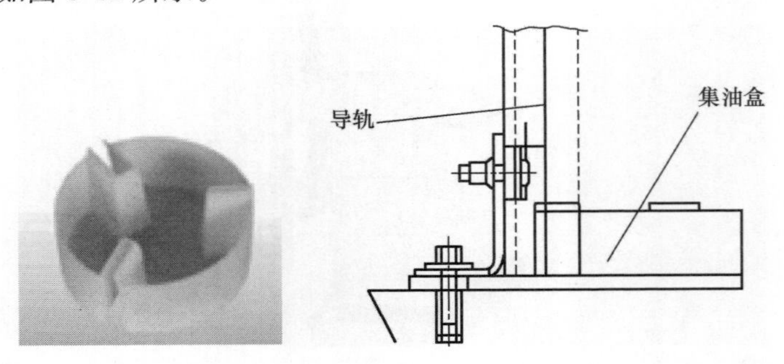

图 5-12　集油盒及其安装

三、滚轮导靴

滚轮导靴用三个滚轮代替滑动导靴的三个工作面，三只滚轮在弹簧力的作用下，紧压在导轨的三个工作面上。如图 5-13 所示为滚轮导靴。

图 5-13　滚轮导靴

滚轮导靴以滚动摩擦代替滑动摩擦，大大减少了摩擦损耗，同时由于三个方向均装有弹簧，具有良好的缓冲作用，并能在三个方向上自动补偿导轨的各种几何形状误差及安装误差，适用于高速梯。

滚动导靴安装时必须保证轿厢的充分平衡及一定时间后要适度地进行操作运行，以免滚轮受力不均或长时间单点受压而变形，从而影响轿厢运行质量。

滚轮直径越大，滚轮转速就越慢，工作就越平稳，电梯运行质量就越好。

滚轮导靴绝不允许在导轨工作面上加润滑油，否则滚轮导靴将会打滑及橡胶过早地老化。

四、滚轮导靴安装准备

滚轮导靴的安装需要保证轿厢静平衡，在调整完轿厢平衡后，才按正常的步骤安装滚轮导靴。在整个安装调整过程中，轿顶操作人员应该严格按照底坑操作人员的指示操作，并且在轿厢到达适合操作的位置后，应该按下急停开关。在过程中如果需要移动轿厢，则需要注意门刀、门球、磁开关、平层感应器等井道信息的空间尺寸。表 5-3 为某电梯的轿厢平衡的调整步骤。

表 5-3　　轿厢平衡的调整步骤

步骤	图例
1. 检查轿架底梁两端的安全钳托架两侧至导轨侧工作面的 Y 值，其两侧的 Y 值偏差应不大于 5mm，否则，将影响安全钳间隙的调整。若有偏差，则调整滚轮导靴的固定位置，使两侧的 Y 值基本相等	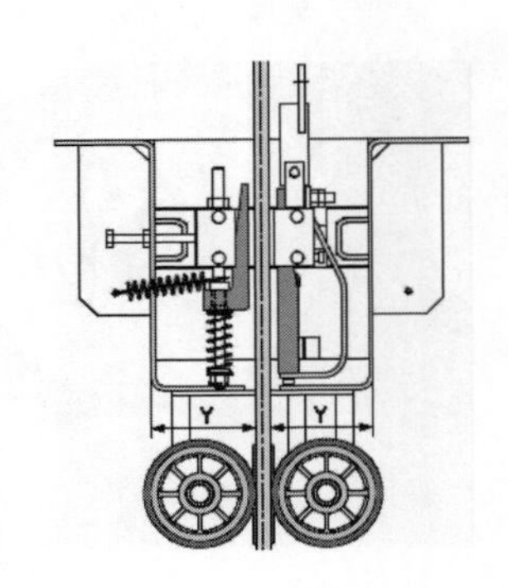
2. 松开轿架斜拉杆螺母。检查轿架底梁水平度，其偏差应不大于 1/1000mm。如有偏差则予以调整	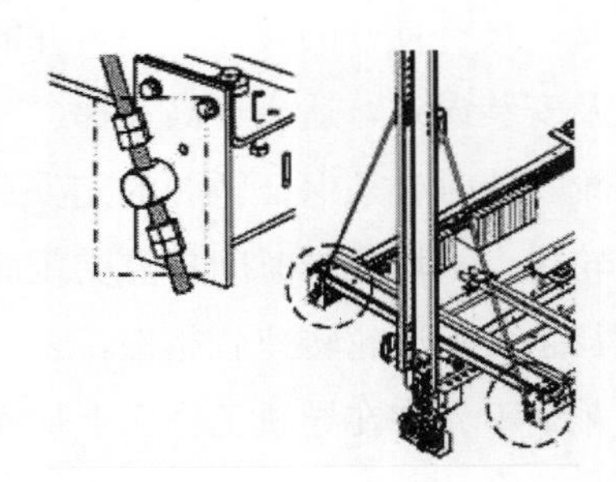
3. 调整方式： 拆除轿架立柱与底梁一侧的上部两个固定螺栓，旋松下部两个固定螺栓。 注意：严禁旋松立柱两侧的固定螺栓进行同步调整	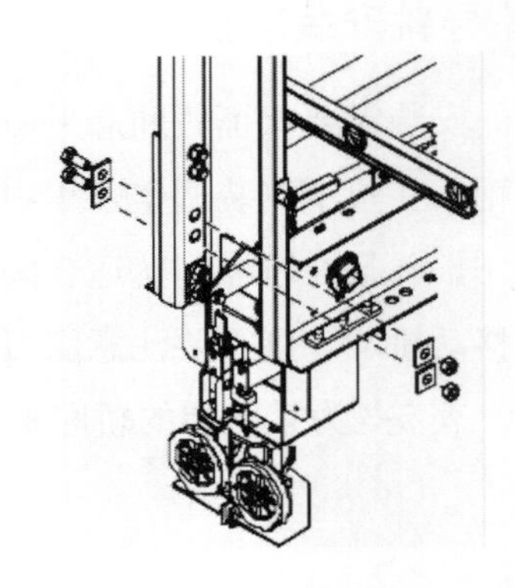

续表

步骤	图例
4. 将水平尺纵向搁置在轿架底梁上方，撬棍插入立柱与底梁固定的上螺栓孔位，下孔位作为调整观察孔，通过撬棍撬压调整一侧底梁的高低，同时观察下孔位的同心度（同心度偏差应不大于0.5mm）及底梁纵向水平度。再拧紧轿架立柱下端与底梁连接的固定螺栓。抽出上部螺栓孔位的撬棍，穿入固定螺栓并拧紧	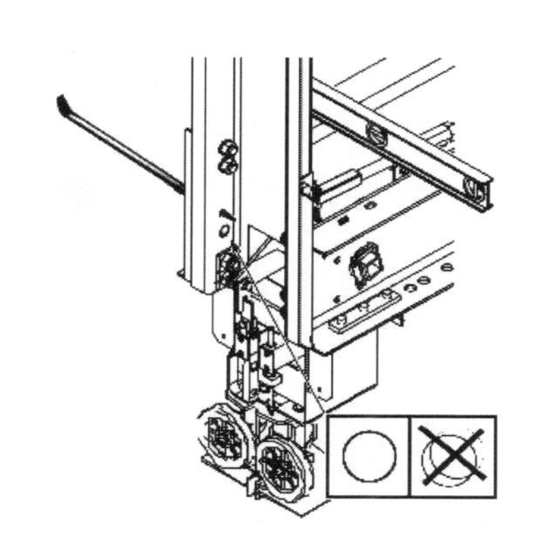
5. 检查减振梁水平度，其水平度偏差应不大于1/1000mm，如有偏差则予以调整	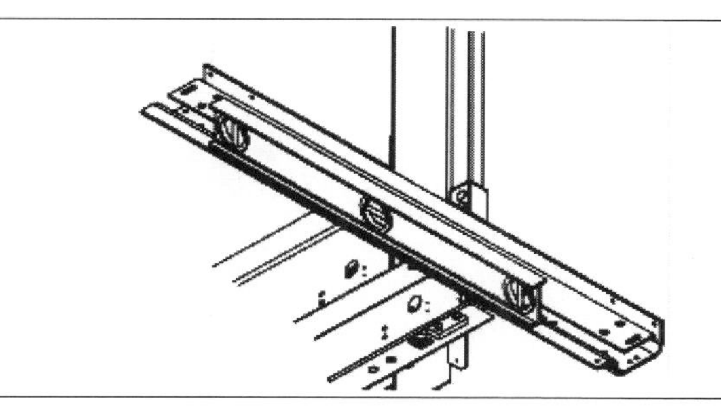
6. 旋松需添加调节垫片侧的减振梁与底梁固定螺栓（不添加垫片侧的螺栓不要旋松），慢慢向上旋紧斜拉杆螺母，使减振梁的一端提起，减振梁与一侧底梁产生间隙，垫入适当的调节垫片，再旋下斜拉杆螺母，检查减振梁水平度，符合要求后，拧紧减振梁与底梁固定螺栓。注意：暂缓拧紧斜拉杆螺母	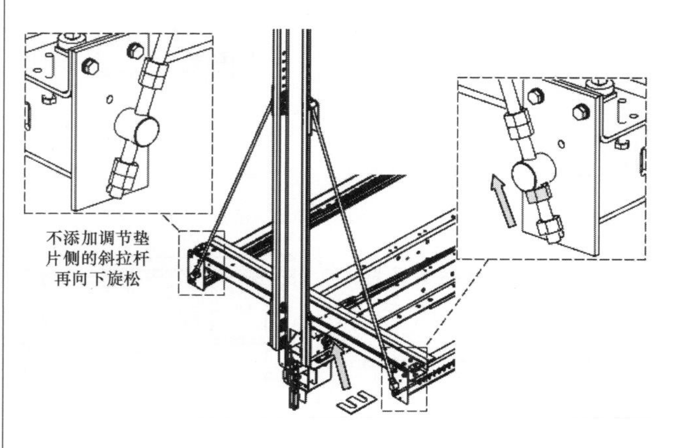

续表

步骤	图例
7. 松开轿顶卡板的减振胶垫，检查轿厢的垂直度和平整度	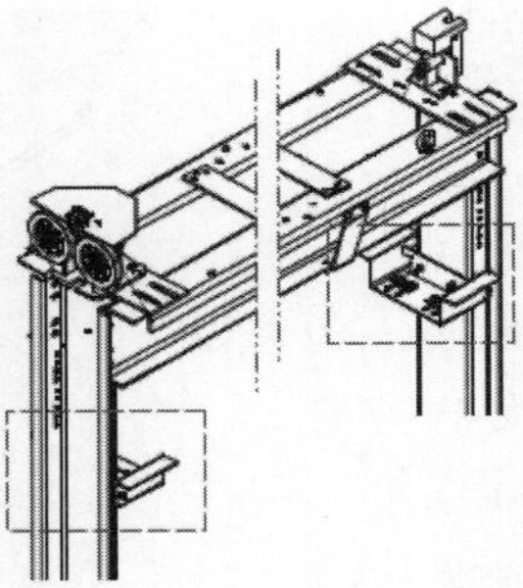 轿顶卡板状态 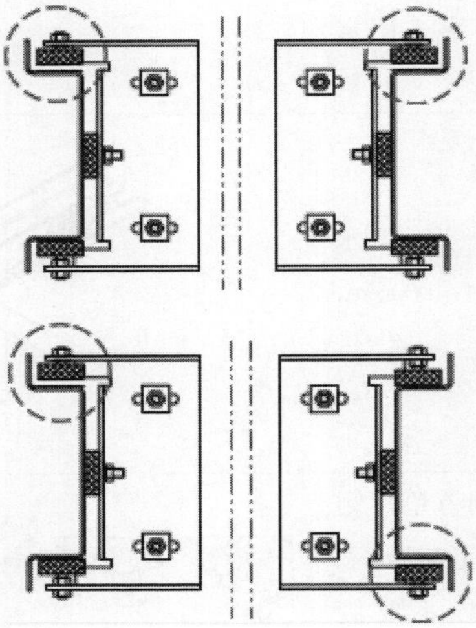 可接受 轿厢需调整
8. 检查轿架减振梁防跳缓冲垫与减振梁底架的尺寸，其间隙偏差 x 应不大于 1mm	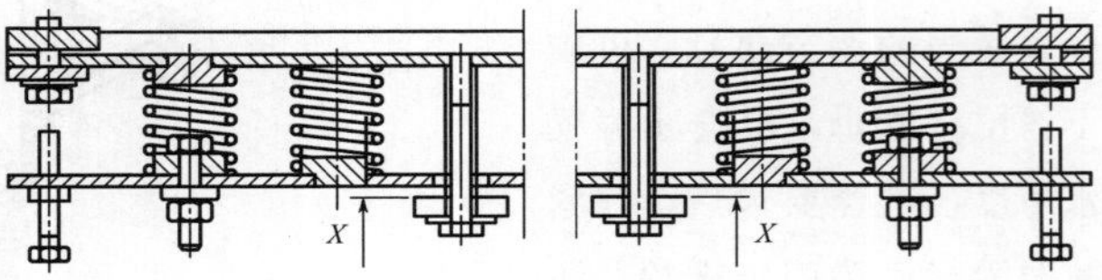 X　X

续表

步骤	图例
9. 临时拆除轿架一侧的导靴，检查轿架是否扭曲	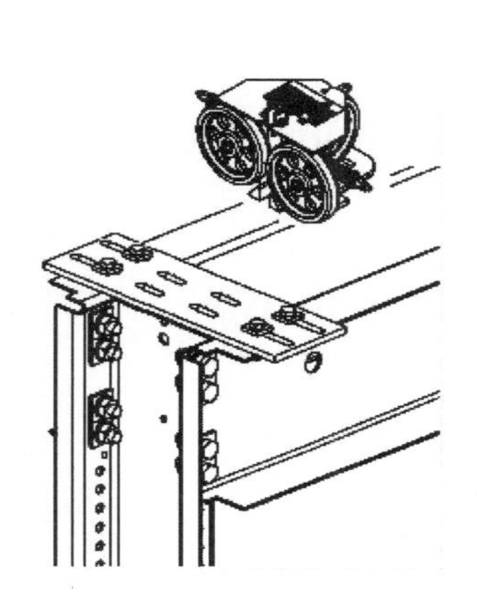
10. 如轿架扭曲偏差值小于10mm，则在安装滚动导靴时，将导靴中心各偏离轿架中心线约 5mm，使滚轮导靴上的弹簧压力相等。如轿架扭曲偏差较大则请参照 15 或 16 步骤。 注意：不要通过挤压滚动导靴使轿架变直	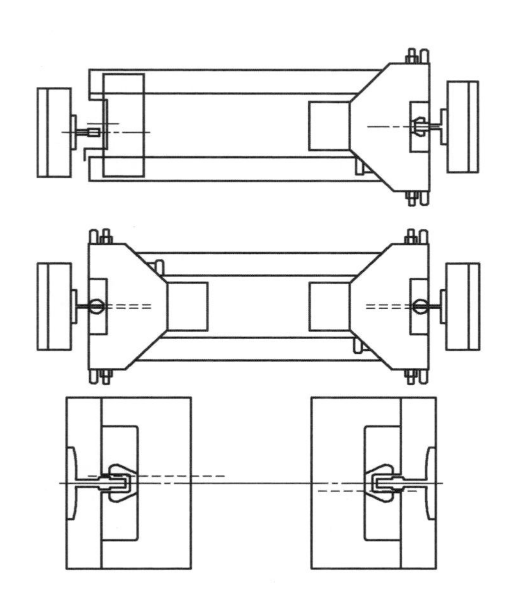

续表

步骤	图例
11. 如轿架扭曲偏差值超出轿架扭曲允许范围，但超差值不是很大，则拆除轿顶卡板和轿厢一侧上导靴(需调整的一侧)，利用斜拉杆作适当调整，但必须确保减振梁防跳缓冲垫与减振梁底架的尺寸偏差 x 应不大于 1mm	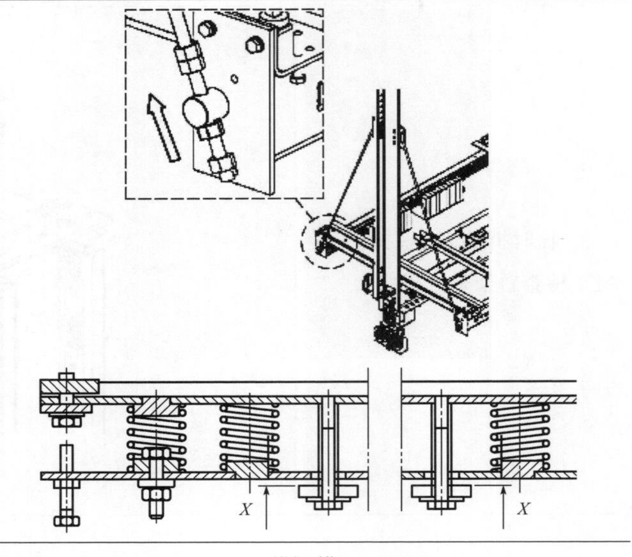
12. 如轿架扭曲偏差值超出轿架扭曲允许范围，且超差值较大，则必须松开减振梁与轿架底梁的连接螺栓，并松开一侧轿架立柱与底梁的连接螺栓，用垫片调整轿架扭曲度	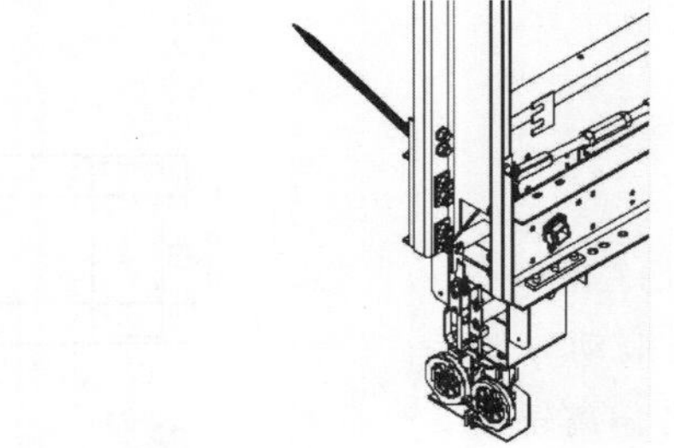
13. 轿架扭曲调整完成后，将斜拉杆下端螺母不要向上拧，螺母接触到轴套后，再向上旋紧约 1/4 圈即可，避免减振梁变形。再将另一个螺母锁紧，上侧螺母向下拧紧，再将另一个螺母锁紧。 注意：严禁利用斜拉杆来调整轿底水平度和轿厢垂直度	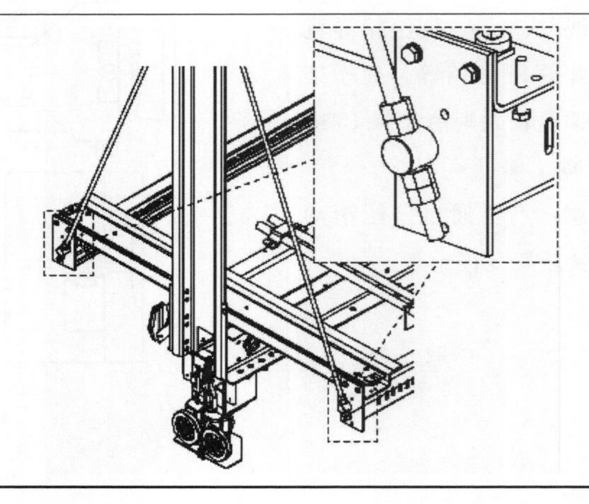

续表

步骤	图例
14. 轿厢在自然状况下(轿顶卡板拆除的情况下)，测量轿厢正面及侧面的垂直度，其偏差应小于1/1000mm。测量轿门框的正面及侧面的垂直度，其偏差应小于1/1000mm。 若有偏差，则参照15～22步骤	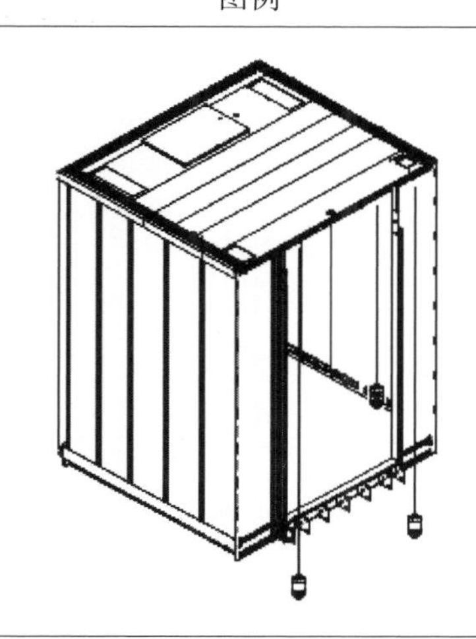
15. 拆除轿顶与轿壁固定的螺栓	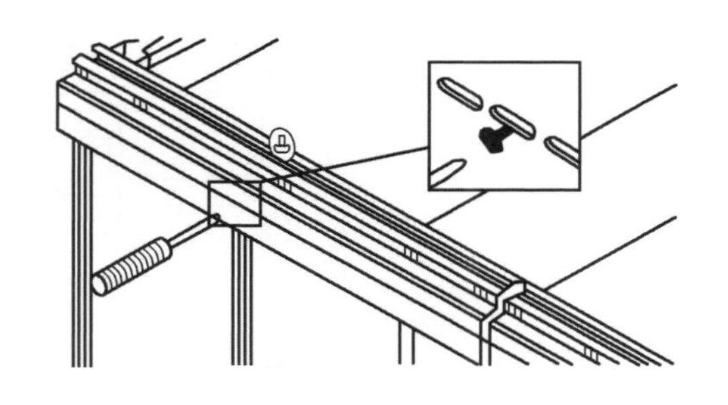
16. 旋松轿厢四个转角的轿壁连接螺栓，使轿厢处于自然状态	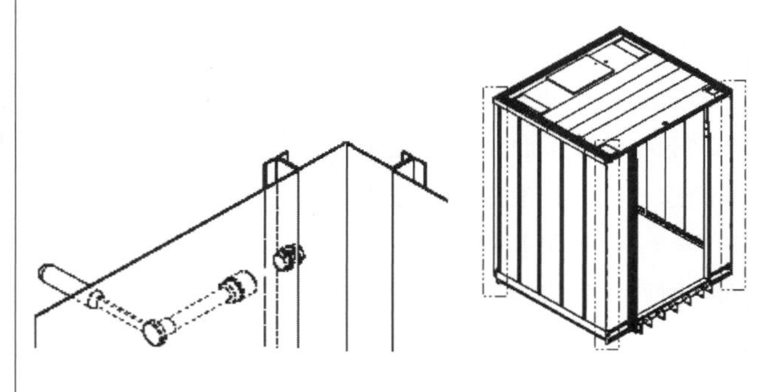

续表

步骤	图例
17. 旋松轿顶与轿厢前壁、门楣的连接螺栓	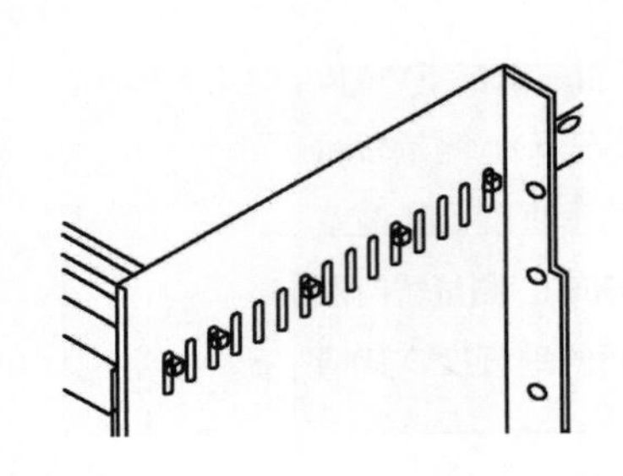
18. 将减振梁上的轿厢承载限位螺栓向上旋紧，轻轻顶住轿底C形槽中的压板螺栓，以减小在轿厢调整时，轿底晃动。不要将限位螺栓拧得过紧，影响轿底的水平度	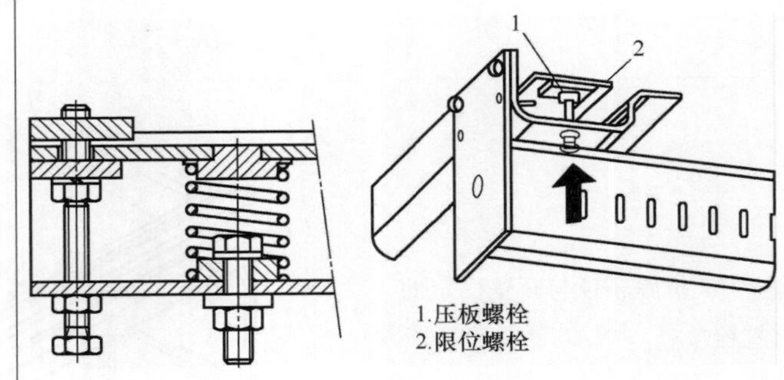 1.压板螺栓 2.限位螺栓
19. 调整轿厢垂直度和平整度。测量轿厢体的对角线，其偏差应小于2mm。测量轿门框的对角线，其偏差应小于2mm。在轿厢不受外力的状况下，测量轿厢正面及侧面的垂直度，其偏差应小于1/1000mm。测量轿门框的正面及侧面的垂直度，其偏差应小于1/1000mm	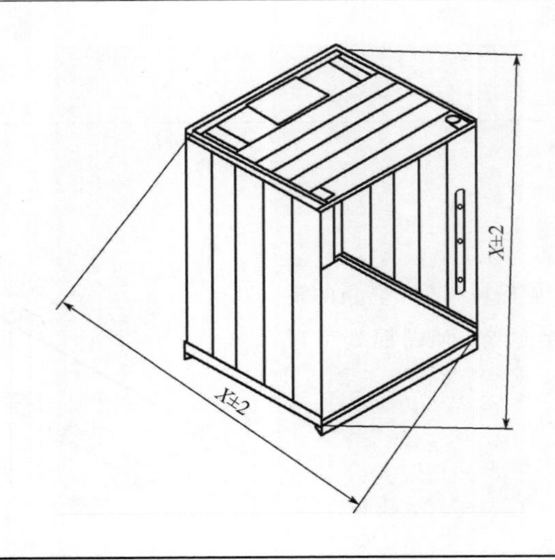

续表

步骤	图例
20. 固定轿顶卡板，卡板的缓冲橡胶垫距立柱间隙两侧相加不应大于 0.5mm。使轿厢受载时，厢体能上下自由移动	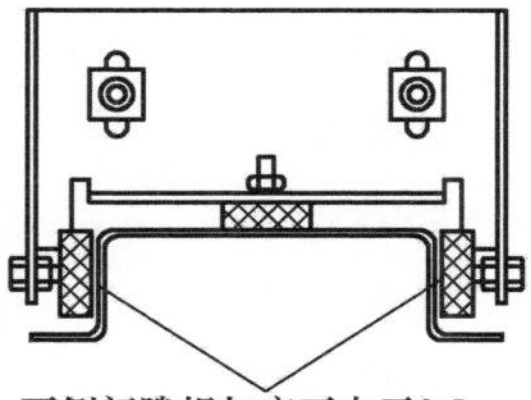 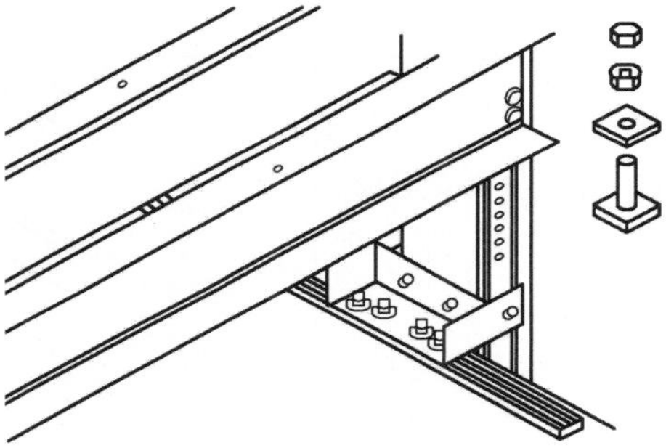
21. 拧紧所有厢体固定螺栓。在轿顶三个边沿(后面、两侧面)，用螺栓将轿顶与轿厢壁固定	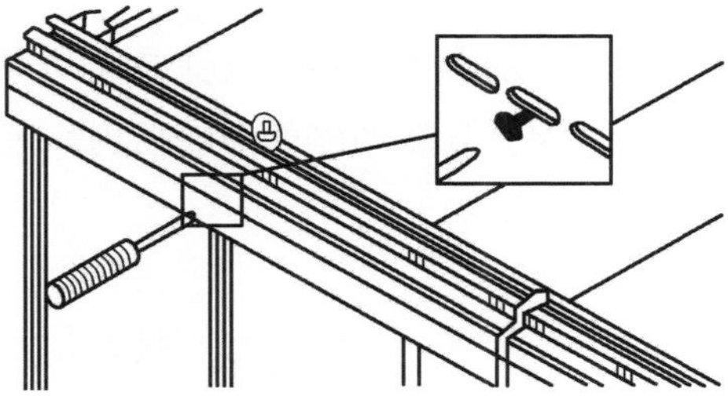
22. 旋松减振梁上的轿厢承载限位螺栓，与轿底 C 形槽中的压板螺栓应保证 14mm 的间隙	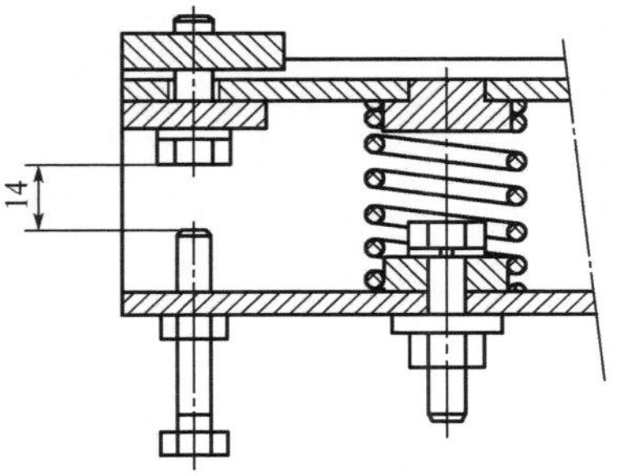

续表

步骤	图例
23. 检查轿门地坎与厅门地坎尺寸，如有偏差，则需调整轿底位置。比如轿厢需要向后移，则松开轿底托架与下梁连接螺栓，用撬棒往后撬动轿底，并观察地坎间隙	30mm
24. 再次松开轿顶固定板，根据轿底移动尺寸，调整轿顶位置 至此，轿厢平衡调整完成	

通过上面步骤的调整，得以保证轿厢的静平衡。只有在轿厢静平衡后，安装滚轮导靴才可以保证导轨两侧的滚轮压力均等，滚轮在电梯运行过程中才可以更加稳定。

思考题

1. 导轨有哪些种类？电梯目前常用的导轨有哪些？

2. 导轨支架的固定有哪些方法？

3. 采用导轨压板固定导轨，有什么优点？

4. 滑动导轨靴分为哪两种类型？一般用于什么情况？

5. 滚动导靴一般用于什么速度的电梯？其滚轮的直径与电梯速度有什么样的关系？

6. 滚动导靴安装为什么必须调整轿厢轿架的静平衡？调整轿厢静平衡时要注意哪些因素？

第六章　电梯钢丝绳系统

电梯用钢丝绳包括曳引钢丝绳和限速器钢丝绳。曳引钢丝绳连接着轿厢和对重，承担着轿厢和对重的重量，并且绕过曳引轮、导向轮、返绳轮，在电梯运行时，靠钢丝绳与绳槽之间的摩擦力带动轿厢和对重上下行。摩擦力是靠钢丝绳与绳槽间的压力产生。所以曳引钢丝绳不但需要克服拉力的拉伸，还要克服因钢丝绳绕过绳轮而产生的钢丝表面的张力变化而引起的疲劳。因而，曳引钢丝绳需要有较高的强度、耐疲劳性、挠度、耐摩擦性。

限速器钢丝绳连接限速器及安全钳，因此其需要有一定的强度和耐摩擦性，以保证其能正常驱动限速器及安全钳动作。

第一节　电梯钢丝绳及端接装置

一、钢丝绳构成

电梯用钢丝绳一般是圆形钢丝绳，其由绳芯及绳股组成，绳股又由钢丝绕成。如图 6-1 所示。

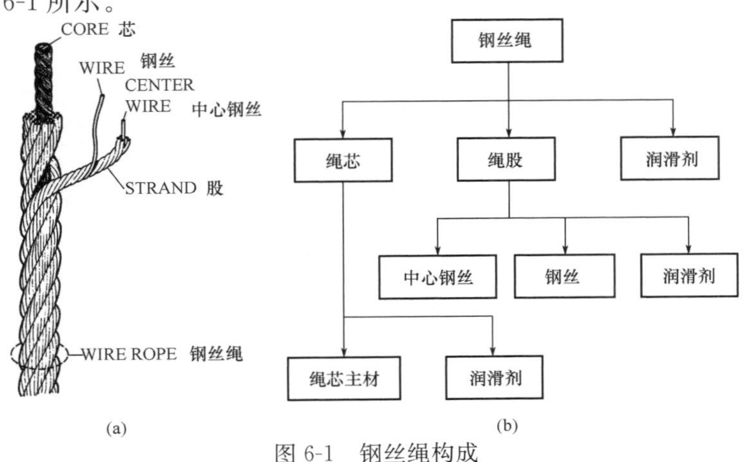

图 6-1　钢丝绳构成

1. 钢丝

钢丝是钢丝绳的基本组成件，其具有很高的强度和韧性。钢丝的材料一般是含碳量为0.4%～1%的优质钢，而且为了防止其具有脆性，材质中硫、磷的含量不得大于0.035%。钢丝需要热处理，处理后钢丝的抗拉强度等级一般有四种：1370N/mm²、1570N/mm²、1620N/mm²、1770N/mm²。这里所提到的抗拉强度级别为钢丝强度的下限，上限等于下限加上表6-1中的值。

表6-1　钢丝抗拉强度差值

钢丝公称直径 d/mm	抗拉强度差值/MPa
$0.25 \leqslant d < 0.5$	300
$0.5 \leqslant d < 1$	280
$1 \leqslant d < 1.5$	260
$1.5 \leqslant d < 1.8$	230

由于钢丝的直径偏差直接影响钢丝绳的直径偏差，从而影响钢丝绳的质量，以及钢丝绳与曳引轮绳槽的接触面大小，再进一步影响曳引力的大小。为了减小钢丝绳的直径偏差，对钢丝的直径偏差及其圆度也需要有控制。钢丝的直径允许偏差见表6-2。

表6-2　钢丝公称直径及允许偏差

钢丝公称直径 d/mm	允许偏差
$0.25 \leqslant d < 0.8$	±0.01
$0.8 \leqslant d < 1.8$	±0.02

另外，钢丝的不圆度应该不大于钢丝相应直径允许偏差的一半。

2. 绳股

钢丝绳股是由钢丝绕制而成，绳股常见的结构有：西鲁式(seal)、瓦林吞式(Warrington)、填充式(Filler)三种以及由这三种组成的复合式结构。如图6-2绳股结构形式及钢丝根数所示。

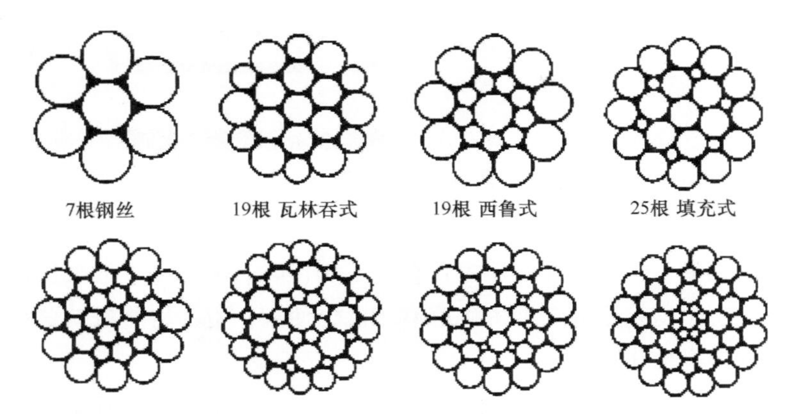

图 6-2　绳股结构形式及钢丝根数

西鲁式是电梯钢丝绳中最常用的股结构，其钢丝构成为 9＋9＋1。外层钢丝较粗，耐磨损能力强。

瓦林吞式钢丝构成为 6/6＋6＋1。与西鲁式相比，绕过绳轮的弯曲疲劳寿命比西鲁式高 20％以上。这是因为瓦林吞式股中的钢丝较细。

填充式钢丝构成为 12＋6/6＋1，它是弯曲和耐磨性能都比较好的结构。特别是对于 6 股钢丝绳有较好的柔软性。因其填充钢丝直径较小，一般绳径应小于 10mm。

如果构成股的钢丝内外层的强度等级相同，则钢丝绳为单强度钢丝绳。如果构成股的钢丝内外层强度等级不同，则钢丝绳为双强度钢丝绳。常用的单强度钢丝绳抗拉强度等级有：1570N/mm^2、1620N/mm^2、1770N/mm^2；常用的双强度钢丝绳抗拉强度等级有：1370/1770N/mm^2、1570/1770N/mm^2、1620/1770N/mm^2。

3. 绳芯

绳芯在钢丝绳中处在钢丝绳的正中心，对绕在其中的绳股起到支撑的作用，保证股与股之间的间隙，同时绳芯中预设有润滑剂，在钢丝绳运行过程中为钢丝绳股及钢丝提供润滑，以延长钢丝绳的寿命(图 6-3)。

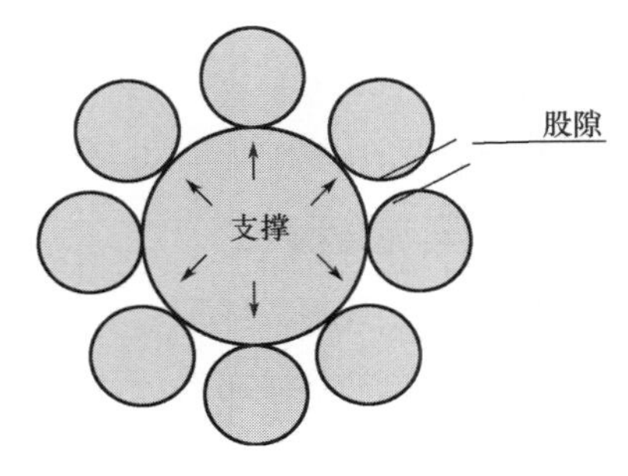

图 6-3　绳芯的作用

钢丝绳绳芯按材料来区分，有天然剑麻绳

芯、钢芯、人造纤维绳芯。按润滑油分为预润滑绳芯、无润滑绳芯（干绳芯），如图 6-4 所示。

天然剑麻绳芯

钢芯

图 6-4　钢丝绳绳芯

电梯用钢丝绳的天然剑麻绳芯多为进口剑麻，而在进口剑麻中，北非剑麻是性能优越的剑麻。为保证绳芯质量，在绳芯制作时，不得将不同批次的剑麻麻纱混合使用，也不得将不同产地的剑麻麻纱混合使用，更不得将进口剑麻麻纱与国产剑麻麻纱混合使用。

天然剑麻绳芯在制作中必须添加润滑油，润滑油的含量是剑麻绳芯干重的10%～15%。润滑油可以适当降低剑麻绳芯的吸水能力，但不能避免其吸水。如果剑麻绳芯吸收足够的水分，它就会在直径方向上膨胀，但长度方向上会缩短，这会影响钢丝绳的使用。因此在湿度很高的地区，不建议使用剑麻绳芯的钢丝绳。如果不得不使用，那么就需要增加钢丝绳张力，以阻止其吸水时缩短及干燥过程中伸长。

电梯钢丝绳中，合成纤维绳芯一般用于限速器钢丝绳。合成纤维材料一般有聚乙烯(PP)、聚丙烯(PE)、聚酰胺(尼龙)等。合成纤维绳芯与天然纤维绳芯相比，具有耐磨、耐挤压性高，制成的绳芯直径均匀、绳径稳定、质地结实、比重轻；以及对油脂的吸附性强等优点，但其软化点及熔点较低，而热性差。合成纤维芯还有独特的优点，即能抵抗酸、碱、盐和硫化氢等的腐蚀。

合成纤维绳芯在制作中根据需要选择是否要增加润滑油，由于一些限速器的设计不允许使用带润滑钢丝绳，所以这时合成纤维绳芯中就不得添加润滑油。但对于没有润滑油的钢丝绳，其钢丝需要镀锌处理，以提高钢丝绳的耐腐蚀能力，增加钢丝绳的寿命。

绳芯在纤维接头处可能会导致绳芯直径变化，为了保证钢丝绳的质量，在接头处的直径不得大于绳芯直径的 5%，纤维不得打结。

4. 钢丝绳结构

钢丝绳由绳芯、绳股、润滑油构成，绳芯为整个钢丝绳保持形状提供支撑力，并为钢丝绳储存润滑油。绳股绕制在绳芯上，根据绳股自身的绕法及绳股在绳芯上的绕法，钢丝绳结构形式可以分为右交互捻、左交互捻、右捻、左捻、右混合捻等。如图 6-5 所示。

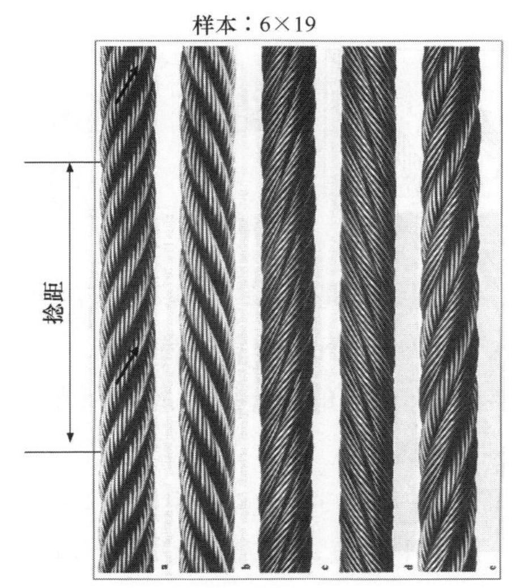

图 6-5　钢丝绳捻制方向

右交互捻：即绳股为左向捻制而成，绳股成绳时在绳芯上为右捻制而成。

左交互捻：即绳股为右向捻制面成，绳股成绳时在绳芯上为左捻制而成。

右捻和左捻分别为绳股及绳均为右捻和左捻，绳股及绳为同向捻制。

右混合捻为绳股成绳时在绳芯上为右捻制而成，但绳股为左右捻各半。

我们最常用的捻制方法是右交互捻，交互捻不仅钢丝绳圆度较好，且受力均匀，不易松散。

在钢丝绳绕制中，在钢丝绳长度方向切线上，同一根股两次出现之间的距离，称为捻距。为了保证钢丝绳强度及钢丝绳形状保持性，钢丝绳捻距不得大于钢丝绳直径的 6.75 倍。

钢丝绳结构示意如图 6-6 所示。根据钢丝绳的绕法及绳芯的材料，钢丝绳可以按下列方式命名：

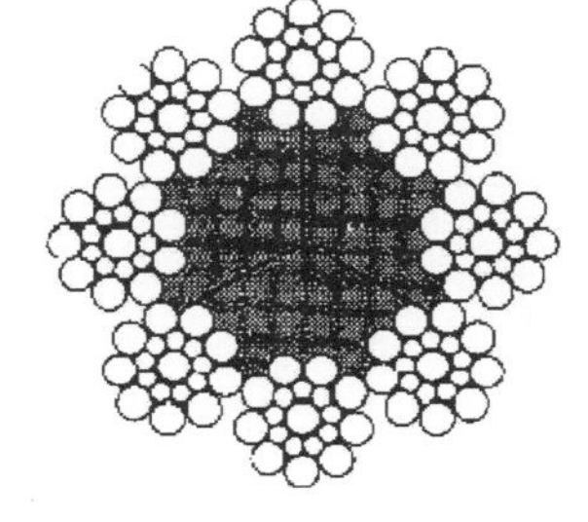

图 6-6　钢丝绳结构示意图

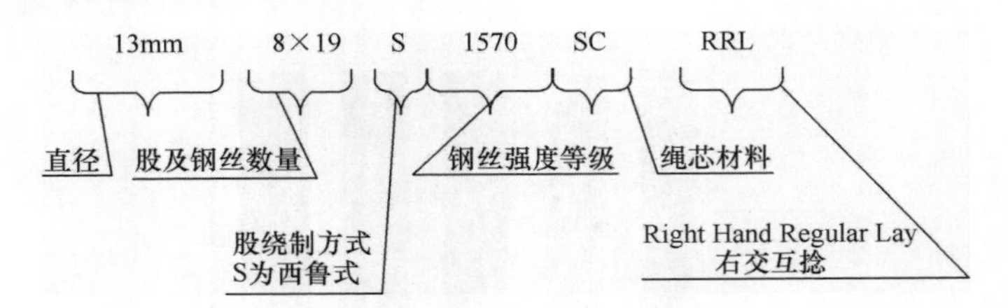

目前国内最常见的钢丝绳结构是 8×19S 1370/1770 NFC RRL。

钢丝绳直径的测量，应使用具有宽口钳的游标卡尺，如图 6-7 所示，并且测量时，钳口应该至少跨越两个相邻的股，测量应在距绳端头 15m 外的平直部位上进行。测量时，钢丝绳可以空载，也可以在承受 10%破断载荷的条件下测量。任意一个测量位置上，需要在垂直 90°测量两组数据，并且至少测量 4 个点，每个点相距 1m。将测量数据取平均值，即为钢丝绳直径实测值。

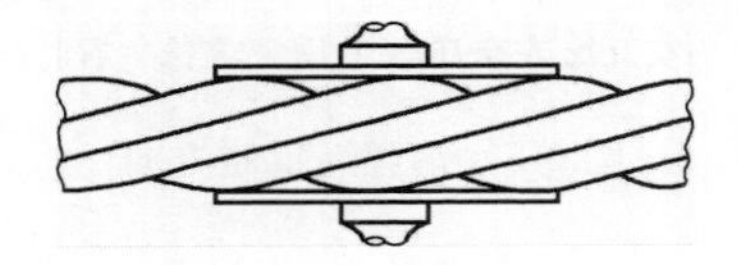

图 6-7　钢丝绳直径测量

实测直径应该在公差范围内(表 6-3)。

表 6-3　钢丝绳直径公差

钢丝绳直径/mm	直径公差/%	
	空载	10%最小破断载荷
≤10	+6 +2	+4 0
>10	+5 +2	+3 0

二、钢丝绳端接装置

钢丝绳端接装置又称为钢丝绳绳头组合，它的作用是固定钢丝绳，并承担钢丝绳的张力。它有几种形式，分别为巴氏合金绳头组合、铸造式楔块绳头组合、锻造式楔块绳头组合，如图 6-8(a)、(b)、(c)所示。

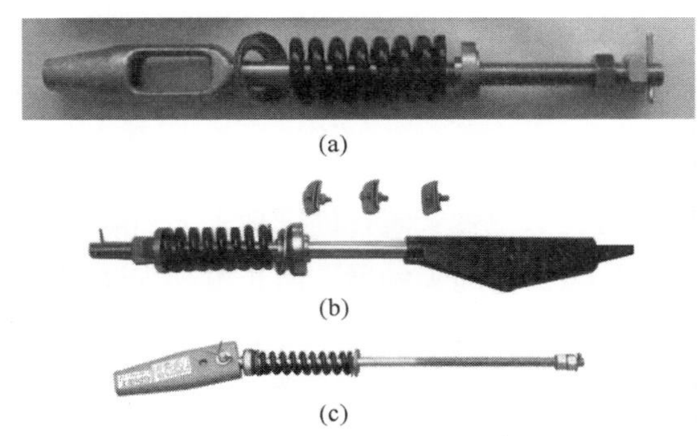
(a)
(b)
(c)

图 6-8　钢丝绳绳头组合

(a)巴氏合金绳头组合　(b)铸造式楔块绳头组合　(c)锻造式楔块绳头组合

1. 巴氏合金绳头组合安装步骤

1)将钢丝绳头留出 105～110mm 的距离用细铅丝绑扎，然后清洗干净。

2)将钢丝绳穿入绳套内，将每股分散开(每股端部绑扎防止散丝)去掉麻芯。

3)各绳股顺劲向中心弯曲，拉入锥套内。如图 6-9(a)。

4)熔化巴氏合金，温度在 270～400℃。

5)用喷灯将锥套加热到 40～50℃，用黏性绑带绑扎锥套头如图 6-9 中(b)。

6)浇铸巴氏合金，此时锥体下面 1m 长度的钢丝绳保持直线并且一次浇铸完成，巴氏合金应高出绳套 10～15mm。如图 6-9 中(c)。

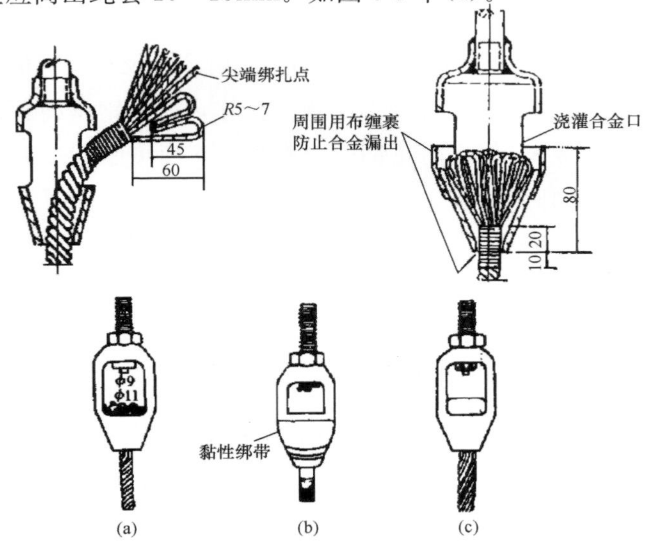

图 6-9　巴氏合金绳头组合安装

2. 楔块式绳头组合安装要求

如图 6-10 所示，为楔块式绳头组合安装示意，安装时，将钢丝绳穿入锥套后，绕过楔块并拉紧，锁上绳夹，绳夹至少 3 个，并且锁紧距离不得小于 6 倍的钢丝绳直径。一端的所有绳头组合安装在固定板上之后，用防扭转钢丝绳连续穿过每个锥套的对应小孔，然后用绳夹锁紧。防止电梯安装好后钢丝绳自由旋转而造成损坏。

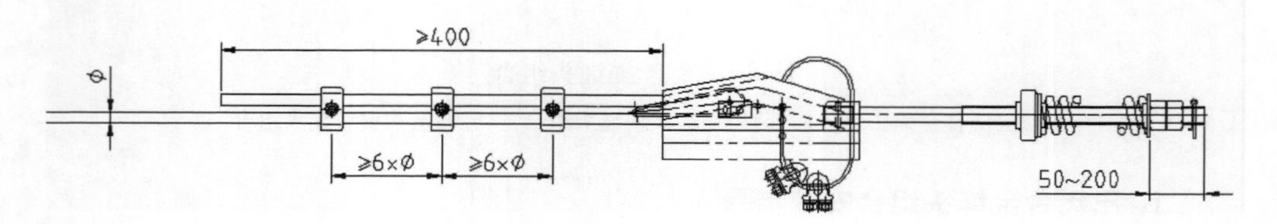

图 6-10　楔块式绳头组合安装示意图

楔块式绳头组合因为安装维护方便，目前在电梯行业内大量使用，国内市场已经很少有电梯使用巴氏合金绳头组合。

第二节　钢丝绳的安装及失效模式

钢丝绳安装质量的好坏，直接影响着电梯运行质量及钢丝绳的寿命，因此在整个钢丝绳安装过程中都应该严格按照规定操作，避免钢丝绳打结、碰伤、焊伤、过度反向旋转(放旋)等，防止钢丝绳失效。下面按照钢丝绳的整个安装过程，来说明其注意事项。

一、运输装卸

在运输和装卸钢丝绳时，应该按照正确的吊装方法进行吊装，如图 6-11 所示，以免造成包装损坏和刮伤钢丝绳表面。并且不得将其从高处抛下，以免造成钢丝绳产生外伤、压痕、变形等问题。不得在砂石、钢板等凹凸不平的物体表面上滚动或拖曳钢丝绳。

图 6-11　钢丝绳的叉吊

二、工地存储

1)钢丝绳应做好防雨、防湿、防锈工作，禁止在露天和潮湿的地方放置钢丝绳。

2)钢丝绳应放置在干燥通风室内，且避免阳光直射。

3)钢丝绳不得直接放在地面上，而且不得将重物、设备等物体堆压在钢丝绳上面；钢丝绳采用正确的放置方式(如图 6-12 所示)。

图 6-12　钢丝绳的放置

4)钢丝绳与酸碱性物质要隔离，同时要防砂石粘附于钢丝绳表面。

5)钢丝绳不立即使用时，应有防尘保护措施。

6)如钢丝绳储存时间超过半年时，应检查钢丝绳是否生锈、尘染、润滑脂渗出等现象，如严重应以报废等相关处理。

三、曳引绳安装

在确定好钢丝绳型号规格及对应的设备号是正确的以后，开始安装曳引钢丝绳。采用楔块式绳头组合的曳引钢丝绳的安装按照以下流程进行。

放钢丝绳→放旋（如果需要）→绕过绳轮→安装对重侧绳头组合→固定对重侧绳头组合→绕过轿厢侧绳轮（2∶1）→初步确定钢丝绳长度→安装轿厢侧绳头组合→钢丝绳悬挂检查→调整绳头组合及钢丝绳张力→截去多余的钢丝绳→包扎绳头端。

1. 钢丝绳放绳

在放绳过程中，应该检查钢丝绳表面是否有异物或灰尘，如有，用干净的抹布进行擦拭。同时应该检查钢丝绳是否有明显的缺陷，比如断丝、绳芯挤出、笼状畸变、局部压扁、绳股挤出扭曲、内部钢丝绳股突出等。如有应停止施工，上报项目经理处理。

在钢丝绳放绳时，应该按照正确的方法进行，如图 6-13 所示。

向井道放绳时，应避免钢丝绳与硬物碰擦，造成钢丝绳损伤。

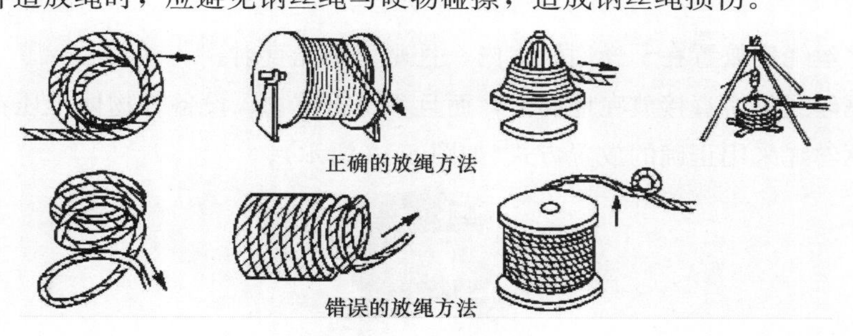

图 6-13　钢丝绳放绳方法

2. 放旋

钢丝绳放旋要根据实际情况进行，且不得过度放旋。放旋前钢丝绳绳端必须用细钢丝绑定，防止钢丝绳松散。

如果曳引比为 1∶1，可以将钢丝绳悬挂于井道，利用钢丝绳自身的重力放旋。充分消除钢丝绳内应力，改善电梯运行质量。

如果曳引比为 2∶1，可利用绳头组合进行多次放旋，来消除钢丝绳安装过程中产生的扭曲应力。

钢丝绳是否正确放旋，可根据以下方法来检查：对于有标线的钢丝绳，可以根据标线是否扭转来确定是否正确放旋。对于没有标线的钢丝绳，可以通过检查钢丝绳通过曳引轮和轿厢返绳轮的状况及绳头组合的扭转情况来确定是否正确放旋。

3. 钢丝绳张力调整

钢丝绳安装时，为保证钢丝绳张力均匀，提高钢丝绳寿命及满足电梯曳引力正常，首先要先将绳头组合的弹簧压缩量调为一致，即绳头弹簧相平，如图 6-14 所示。

图 6-14　调节钢丝绳绳头弹簧压缩量螺母

然后用将轿厢停靠在三分之二井道高度的位置，用钢丝绳张力测试装置测量对重侧每根绳的张力，如图 6-15 所示。计算出平均值，每根绳的张力与平均值相比，不得超过 5%。如果超过，则需要调整超过的这根钢丝绳的张力，钢丝绳张力不得通过旋转绳头组合的方式调整。应该调整绳头组合上的螺母的位置来调整钢丝绳张力。且调整完后需要将轿厢上下运行至少 5 个来回，然后再次测量每根绳的张力，直到张力均匀。

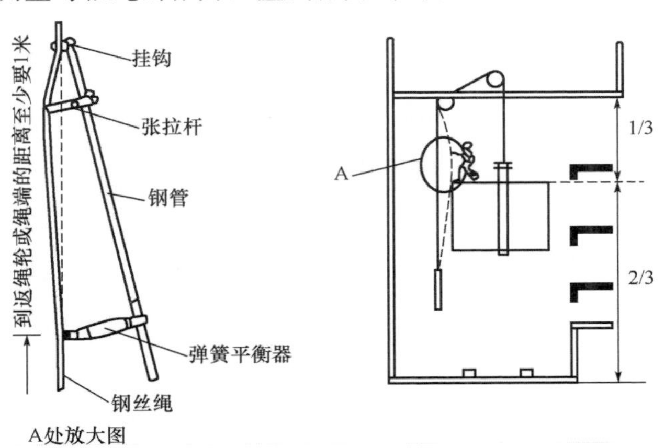

图 6-15　钢丝绳张力测量

四、钢丝绳失效模式

钢丝绳经过生产、运输、存储、安装、使用、维护一系列的操作，任何环节出问题，均会造成钢丝绳出现不良情况，从而失效。而导致钢丝绳失效的原因，主要有制造不良、安装不良、维保不良、设计不良四个方面。

1. 制造不良

(1)绳芯不良

绳芯在钢丝绳中起到支撑钢丝绳结构的作用，绳芯的好坏直接影响钢丝绳的使用寿命，特别是目前电梯行业中最常用的天然剑麻绳芯，剑麻纤维的质量等级也会影响绳芯的质量，制作麻芯的剑麻纤维如有结、霉烂、黑色纤维等缺陷，则制成的绳芯就会有直径不均、强度低等问题。在麻芯的捻制过程中，捻股时油加入量控制不好，麻芯未去毛，都会直接对钢丝绳的使用产生不良的影响。

(2)断丝

钢丝绳的捻制过程中，特别是股的捻制过程中，断裂的钢丝如果没有及时发现或者钢丝对接不良，捻入到绳股中，这样的钢丝绳使用在电梯上，在电梯上上下下的连续运行时，断的钢丝会影响其周围的钢丝的正常使用，钢丝之间不正常的摩擦会使钢丝断裂甚至是断股。

(3)钢丝绳直径不均

直径不均对钢丝绳使用的影响是显而易见的，所以钢丝绳的标准中都会有关于钢丝绳直径的严格要求，这里不再细述。

(4)绳股局部缺陷

绳股的局部缺陷指的是绳股中钢丝局部交叉捻制以及钢丝绳中绳股局部交叉捻制，交叉捻制的部位在钢丝绳使用中会因为应力集中而断裂。

(5)油脂质量

油脂在钢丝绳中起着至关重要的作用，钢丝之间以及股与股之间都是靠其润滑从而增加钢丝绳的寿命。润滑油质量以及绳芯及钢丝绳中的含油率都会影响钢丝绳的使用寿命。

除了以上的钢丝绳质量问题，钢丝绳的长度不够也会间接影响钢丝绳的使用寿命。因为钢丝绳出货长度不够，会是现场安装时通过反向旋转来增加钢丝绳的长度，这样就会出现前面提到的绳芯断裂问题。另外，捻距不均以及绳股间隙不均都会缩短钢丝绳的寿命。

2. 安装不良

(1)钢丝绳损伤

放绳时不使用正确的放绳工具，不使用张力放绳(钢丝绳自由释放)等不恰当的放绳方法导致钢丝绳损伤；机房放绳孔制作不规范，导致钢丝绳损伤；安装中不规范操作致使钢丝绳刮伤、碰伤、压伤；焊接时焊渣落在钢丝绳上，使得钢丝绳的局部金属结构改变，产生应力损伤；曳引轮与导向轮不平行导致钢丝绳侧磨。这些损伤都会使钢丝绳加速损坏(图 6-16)。

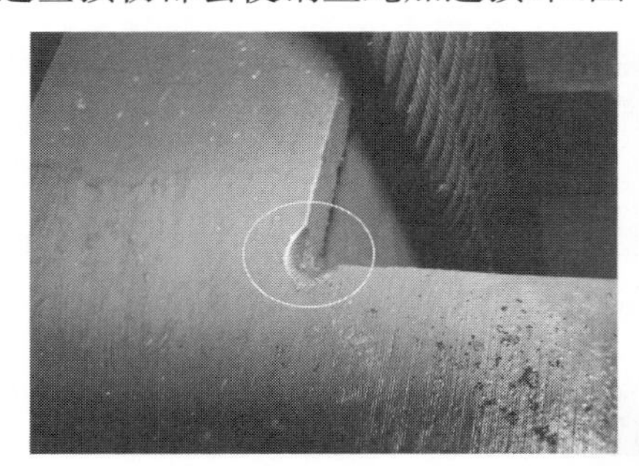

图 6-16　钢丝绳与机房孔摩擦

(2)钢丝绳锈蚀

钢丝绳锈蚀主要有两种原因，一个是张力不均，在电梯运行中有一根或几根钢丝绳实际上未参与工作，长时间不工作会使得钢丝绳润滑油不能正常润滑钢丝绳及防锈。第二个原因是钢丝绳到工地后存放不当，长时间风吹日晒或者淋雨等，导致钢丝生锈蚀。

(3)钢丝绳扭曲

放绳及安装钢丝绳，或者在将钢丝绳分盘(从大盘分成每一根一盘)，没有顺着钢丝绳的方向放开或拖动，在有钢丝绳打结时仍用力拉绳，使钢丝绳局部产生内应力，并在钢丝绳使用过程中造成断丝断股。

另外一种原因是很多公司的钢丝绳在发往工地时多根钢丝绳缠绕在一个大卷上，而缠绕在卷筒上的钢丝绳内外层的应力是不同的，安装时未充分释放应力，同样会使钢丝绳失效。如图 6-17 所示。

图 6-17　钢丝绳未消除内应力

(4)钢丝绳磨损不均

安装过程中，由于钢丝绳张力未调整或调整的不均匀，致使张力大的钢丝绳磨损严重，最后断丝断股，如图 6-18 所示。

图 6-18　张力不均

(5)钢丝绳锥套顶死

在安装过程中，由于机房放绳孔制作的不合适，导致固定钢丝绳的绳头装置的锥套不能自由运动，顶死在放绳孔上；或者是安装人员在安装时未调整绳头锥套的方向，使锥套顶死在放绳孔上。这样的结果是钢丝绳在电梯运行过程中不能通过绳头弹簧释放应力，最终引起钢丝疲劳断裂。

(6)钢丝绳绳芯断裂

绳芯断裂主要有两个安装方面的原因造成，一是安装过程中由于钢丝绳长度截短而被迫方向旋转钢丝绳，破坏了钢丝绳原有的捻距结构，过度的方向旋转导致绳芯受力过大而断裂。第二个原因是钢丝绳安装好，绳头装置调整完毕后未安装防扭转装置，导致电梯在使用过程中钢丝绳不断反向扭转、伸长，从而绳芯断裂。

(7)钢丝绳跳槽

造成钢丝绳跳槽的原因主要是张力不均或者交叉放绳，钢丝绳跳槽后不能正常工作而损坏。

3. 维保不良

维保是保证电梯钢丝绳寿命的非常重要的一环，钢丝绳的维护保养分为三个阶段，分别是新梯交付使用后的前六个月、电梯正常维保阶段、旧梯改造阶段。

在新梯交付使用后前六个月，虽然钢丝绳在安装时张力调整已经均匀，但随着电梯投入使用，每根钢丝绳的张力会因为内应力的逐渐释放而变化，当然变化不可能一致。所以前六个月，应至少每个月检查一次钢丝绳张力，以保证电梯正常使用中钢丝绳张力是平衡的。如果没有在此磨合期内调整钢丝绳张力，就有可能加速钢丝绳磨损，甚至是导致曳引轮绳槽磨损。

在电梯正常维保期间，钢丝绳的张力基本上会是平衡的，不会有较大变化，只需要对张力进行例行检查。此阶段，对钢丝绳的维保主要是保证钢丝绳的润滑油含量，不能使钢丝绳在无润滑油的状态下运行。另外钢丝绳清洁时，必须使用规定的钢丝绳清洁油，不可使用柴油、煤油、汽油等清洗钢丝绳。如果使用这些油脂清洗钢丝绳，会影响麻芯对润滑油的吸收，降低钢丝绳含油率，甚至破坏麻芯材料性能，使麻芯变脆，严重降低钢丝绳寿命。

当然，如果没有专用的清洁油，那也可以用蘸过煤油的棉布，拧干后，对钢丝绳进行擦拭，但必须保证没有煤油流到钢丝绳上。

电梯钢丝绳损坏后，需要对其改造，更换钢丝绳。但改造时如果不同时更换整台梯的钢丝绳，或者不使用同一供应商的钢丝绳，不使用同一批次的钢丝绳，不使用同一结构的钢丝绳，使用与槽型直径或硬度不匹配的钢丝绳；更换绳头组合时，不同时更换全部的绳头组合，不使用同一供应商的绳头组合，不使用匹配的绳头组合弹簧等，这些问题都会造成钢丝绳在后期使用中加速损坏。

4. 设计不良

设计中一些问题，也会在使用中加速钢丝绳失效，缩短钢丝绳寿命。比如使用反压轮、使用与曳引轮硬度不匹配的钢丝绳、使用与速度不匹配的钢丝绳、绳槽下切口过大、曳引轮与导向轮间距过小、导轮过多等。

国标中曳引轮绳槽下切角不大于106°，但德国斯图加特大学一研究室研究发现，当下切角大于95°时，钢丝绳寿命会迅速降低，与常规的钢丝绳计算的寿命系数有一定的差距。

第三节　钢丝绳的选型及计算

钢丝绳在使用中会受到多种附加应力的影响，如钢丝绳经过曳引轮及导向轮时产生的弯曲应力、制造产生的初始内应力、电梯加减速过程中的惯性力以及由于钢丝绳载荷分配不均匀的影响。因此在选取钢丝绳时，应该取较大的安全系数。《电梯制造与安装安全规范》GB7588—2003中规定：对于曳引驱动电梯，应由三根或三根以上的钢丝绳驱动，并且钢丝绳安全系数$S_a \geqslant 12$；同时，钢丝绳还应该根据曳引轮的槽型，钢丝绳绕过绳轮所引起的简单折弯与反向折弯计算出电梯设计需要的最小安全系数S_f。取两者中的大者，根据选择的钢丝绳的强度及根数验算钢丝绳安全系数是否能够满足要求。

1. 等效滑轮数量

曳引钢丝绳通过的曳引轮的绳槽形状以及每次折弯的严重程度，均可以转换为等效滑轮数量。简单折弯指的是钢丝绳运行于一个半径比钢丝绳名义半径大5％至6％的半圆槽。简单折弯的数量就相当于等效滑轮数量，可由下面公式计算得出：

$$N_{equiv} = N_{equiv(t)} + N_{equiv(p)}$$

式中　$N_{equiv(t)}$——曳引轮的等效数量

　　　$N_{equiv(p)}$——导向轮的等效数量

而曳引轮的等效数量$N_{equiv(t)}$可以由表6-2查出，对于无下切口的半圆槽，$N_{equiv(t)} = 1$。对于不在表6-4的数值，可以按照插值法线性计算得出。

表 6-4　　曳引轮等效数值

V 形槽	V 形槽的角度值 γ	—	35°	36°	38°	40°	42°	45°
	$N_{equiv(t)}$	—	18.5	15.2	10.5	7.1	5.6	4.0
U 形/V 形带切口槽	下部切口角度值 β	75°	80°	85°	90°	95°	100°	105°
	$N_{equiv(t)}$	2.5	3.0	3.8	5.0	6.7	10.0	15.2

导向轮的等效数量由引起简单折弯的滑轮数量与引起反向折弯的滑轮数量计算得出，反向折弯仅在当钢丝绳与两个连续的静滑轮的接触点之间的距离不超过绳直径的 200 倍时考虑。

$$N_{equiv(p)}=\left(\frac{D_t}{D_p}\right)^4(N_{ps}+4N_{pr})$$

式中　N_{ps}——引起简单弯折的滑轮数量

N_{pr}——引起反向弯折的滑轮数量

D_t——曳引轮的直径

D_p——除曳引轮外的所有滑轮的平均直径

2. 最小安全系数 S_f 的计算

对于一个给定的钢丝绳驱动装置，考虑到正确的$\frac{D_t}{d_r}$比值和计算得到的 N_{equiv}，安全系数的最小数值可按以下公式计算得出。

$$S_f=10^{\left(2.6834-\frac{\log\left(\frac{695.85\times10^6\times N_{equiv}}{\left(\frac{D_t}{d_r}\right)^{8.567}}\right)}{\log\left(77.09\left(\frac{D_t}{d_r}\right)^{-2.894}\right)}\right)}$$

式中　S_f——最小安全系数

N_{equiv}——滑轮的等效数量

d_r——钢丝绳的直径

D_t——曳引轮的直径

3. 计算实例

例 6-1　按下面参数选择钢丝绳，载重 1000kg，轿厢空重 1050kg，平衡系数 45%，曳引比 2∶1，额定速度 1m/s，提升高度 15m。U 形带下切口槽，下切角

$\beta=95°$，上切角 $\gamma=30°$，曳引轮与导向轮、返绳轮直径均为 400mm。选用 10mm 钢丝绳。无补偿链。系统如图 6-19 所示。

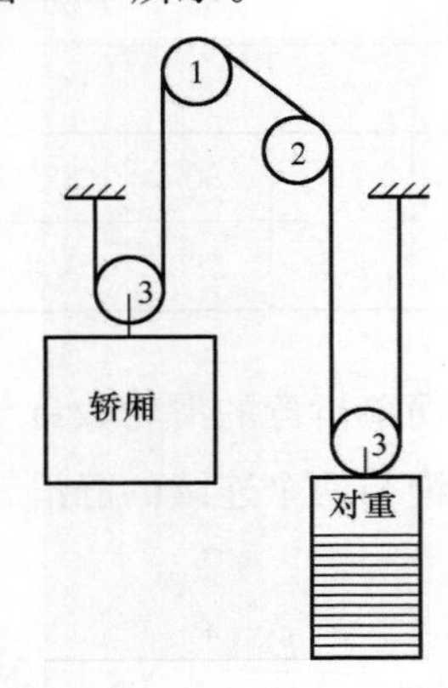

图 6-19　2∶1 系统

1～3—滑轮

$$N_{equiv(p)}=(400/400)^4\times(2+4\times0)=2$$

$$N_{equiv(t)}=6.7$$

$$N_{equiv}=N_{equiv(p)}+N_{equiv(t)}=8.7$$

$$X_1=\log[(695.85\times10^6\times N_{equiv})/(D_t/d_r)^{8.567}]$$

$$=\log[(695.85\times10^6\times8.7)/40^{8.567}]$$

$$=-3.94281$$

$$X_2=\log[77.09\times(D_t/d_r)^{-2.894}]=\log(77.09\times40^{-2.894})=-2.74936$$

$$S_f=10\hat{}(2.6834-X_1/X_2)=10\hat{}[2.6834-(-3.94281/-2.74936)]$$

$$=10^{1.249317}=17.75486$$

$S_f>12$，因此取 S_f 计算钢丝绳根数。

$$S_a=n\times K\times1000/[(P+Q)/R_{eeving}+nR_{ise}q_rg]$$

$$=N_r\times43\times1000/[(1050+1000)/2+N_r\times15\times0.34]\times9.8\geqslant S_f$$

$$=17.75486$$

式中　N_r——钢丝绳根数

P——轿厢空重

Q——额定载重

R_{ise}——提升高度

R_{eeving}——曳引比

由此可得出钢丝绳根数最小值 $N_r=5$，此时 $S_a=20.88413$。

由于 GB7588 规定，绳轮直径不得小于钢丝绳直径的 40 倍，所以上面例题的系统中选用 10mm 钢丝绳计算是可行的。当然也可以按 8mm 钢丝绳进行相应的计算。计算时，还需要考虑钢丝绳弹性伸长量不得大于 20mm。因此楼层越高，越需要选用较大的钢丝绳，且钢丝绳根数需要越多。

第四节 电梯重量补偿

曳引电梯在运行的时候，伴随着轿厢及对重的上下运行，曳引轮两侧的钢丝绳及轿厢下随行电缆的长度在不断地变化，从而分配到曳引轮两侧的重量也不断地变化。一方面，曳引机需要克服因为曳引轮两侧重量变化而浪费一部分功率，另一方面，曳引轮两侧重量变化而引起的钢丝绳张力差也会影响曳引力。为了保证良好的曳引性能的同时节省部分能量，需要用补偿装置来平衡曳引轮两侧的钢丝绳重量变化及轿厢侧随行电缆的变化。

一、重量补偿装置的形式

1. 补偿链

补偿链即提供补偿重量的主体为链条，链扣一般为碳钢，为了减少运行时链扣之间碰撞或摩擦而产生的噪声，可以在链扣之间穿麻绳，也可以在链扣外包一层热缩管，这就是包塑链(套塑链，裹塑链)。海迅特雷卡有一种补偿链的制造工艺，将链子通过熔化了的塑料液体，出去后经冷却，在链扣表面会附着一层紧裹着的塑料层，这种工艺制成的补偿链称为浸塑链。由于它的塑料层与链扣是完全结合在一起的，所以其运行噪声和运行抖动都优于包塑链。补偿链适用于速度不大于 1.75m/s 的电梯。图 6-20 为几种补偿链的外形，从左到右依次为锚链，穿绳链，包塑链，浸塑链。

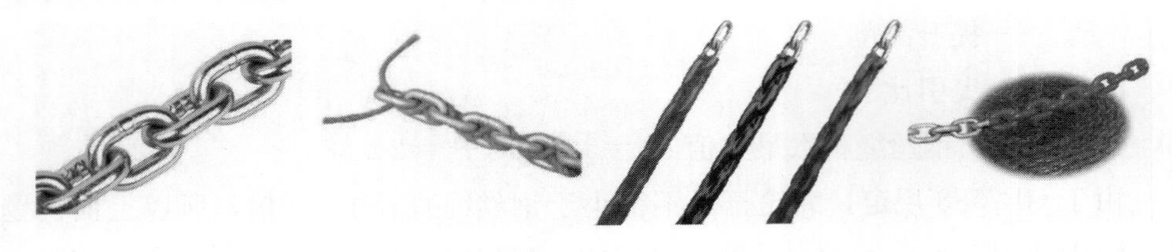

图 6-20　补偿链

2. 补偿缆

补偿缆(图 6-21)是采用电焊锚链直接外裹弹性橡胶改良体的方法制成，具有弹性好、弯曲半径小、阻燃、耐老化、温度适应范围广的特点，使用后电梯运行平稳、流畅、噪声低。其适用于梯速小于等于 3.5m/s 的中高速梯。

3. 补偿钢丝绳

即通过在轿厢与对重下方悬挂钢丝绳来补偿上方的钢丝绳重量，在底坑中设置有导向轮，导向轮又起到张紧补偿绳的作用。这种补偿装置运行平稳，噪声低，可以适用于速度 3m/s 以上的电梯。图 6-22 所示为补偿钢丝绳的悬挂。

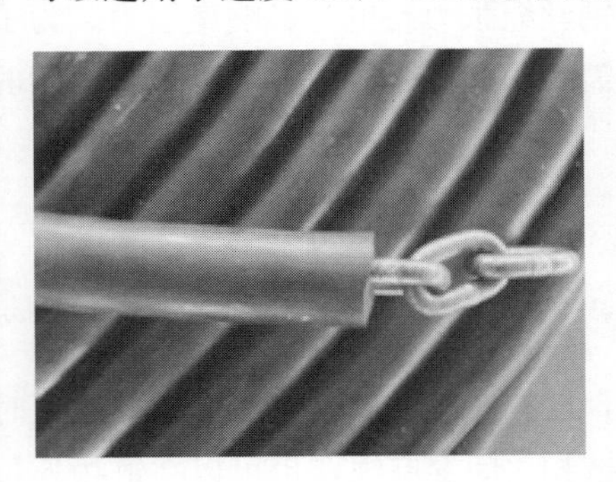

图 6-21　补偿缆

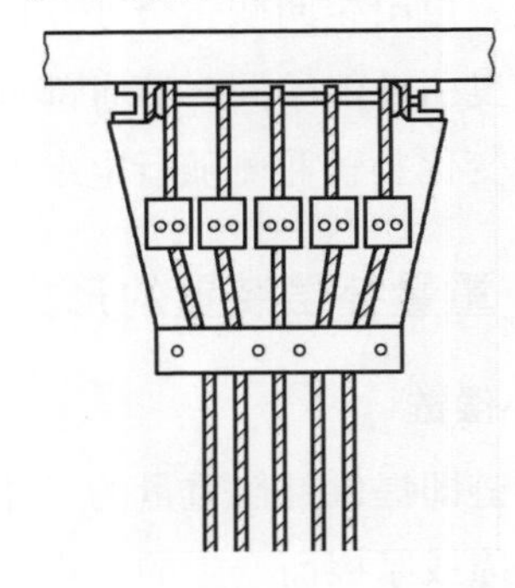

图 6-22　补偿钢丝绳悬挂

二、补偿链、补偿缆的安装及其导向装置

补偿链、补偿缆通常通过挂件悬挂在轿厢下方与对重下方，在对重下方补偿链的转弯处，一般设置一导向装置。补偿链、补偿缆悬挂时，必须要有防止挂件断裂的二次保护装置。补偿链及补偿缆的挂件一般有 U 形螺栓、吊环、网套等。如图 6-23(a)所示为补偿缆的完整安装示意，图 6-23(b)为补偿链的安装示意。

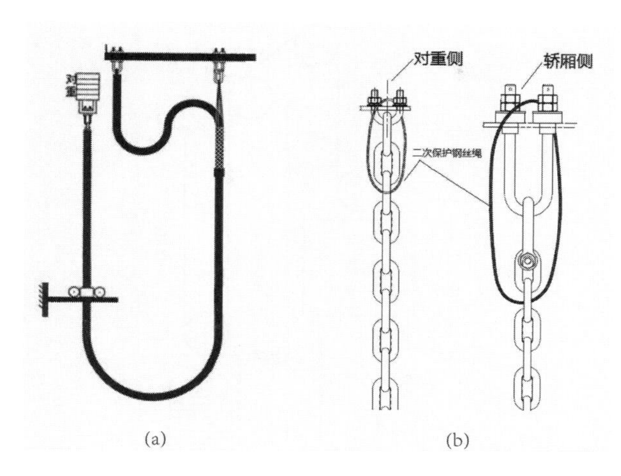

图 6-23　补偿缆及补偿链悬挂

(a)补偿缆悬挂　(b)补偿链悬挂

其中补偿缆在轿底靠网套悬挂在吊环上，吊环再挂在 U 形螺栓内，其端头用 U 形螺栓挂住作为二次保护。补偿链在对重侧及轿厢侧均用 U 形螺栓及吊环悬挂，并且用钢丝绳作二次保护。

为了防止因补偿链或补偿缆晃动而碰到对重防护板或者对重下方的缓冲器，一般在对重侧补偿链或补偿缆下方直线段接近圆弧段的地方，放置一个导向装置，也称之为防晃装置。补偿链导向装置有多种，如图 6-24 所示。

图 6-24　补偿链导向装置

三、重量补偿装置的补偿计算

补偿装置是为了补偿钢丝绳的重量，因此，可以计算出所需要补偿的重量的大小，然后根据计算选择适合的补偿装置的重量。图 6-25 是曳引比为 2∶1 的电梯，我们按此来分析补偿装置的重量计算。

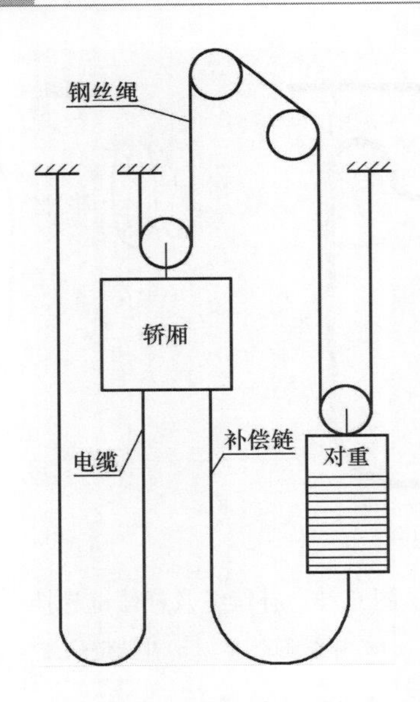

图 6-25　补偿装置重量计算

由图可见，如果没有补偿装置，且不考虑轿厢及对重的自重与轿厢内载荷的影响，当轿厢在最顶端时，轿厢侧与对重侧重量差为：

$$G_1 = R_{eeving} q_r N_r R_{ise} q_d R_{ise} / 2$$

当轿厢在最底端时，轿厢侧与对重侧重量差为：

$$G_2 = R_{eeving} q_r N_r R_{ise}$$

其中　R_{eeving}——曳引比

q_r——钢丝绳单位重量 kg/m

q_d——随行电缆单位重量 kg/m

N_r——钢丝绳根数

R_{ise}——提升高度 m

因为要使得补偿装置的重量在轿厢侧与对重侧的补偿效果均等，所以补偿装置重量可以为：

$$G_c = (G_1 + G_2)/2 = R_{eeving} q_r N_r R_{ise} - q_d R_{ise}/4$$

则补偿链或补偿绳单位重量 q_c(kg/m)为：

$$q_c = G_c / R_{ise} / N_c = (R_{eeving} q_r N_r - q_d/4)/N_c$$

其中 N_c 为补偿链或补偿绳根数，补偿链通常为 1 根或 2 根。补偿绳根据实际设计选择根数。

例 6-2　某电梯公司载重 1600kg 的电梯，采用 6 根 10mm 钢丝绳，随行电缆单位重量为 1.2kg/m，曳引比为 2∶1，计算补偿链根数。

则需要的补偿链单位重量为：

$$
\begin{aligned}
q_c &= (R_{eeving} q_r N_r - q_d/4)/N_c \\
&= (2\times 0.34\times 6 - 1.2/4)/1 \\
&= 3.78(\text{kg/m})
\end{aligned}
$$

选用补偿链时，实际补偿链的补偿系数在 90%～110%。即实际补偿链单位重量在 0.9～1.1 倍的 q_c 范围内即可。

由表 6-5，可以得出，此梯应该选用 1 根 WFBS13 补偿链。

表 6-5　**包塑补偿链规格表**

型号	形式	链环直径/mm	外径/mm（±1.5mm）	单位重量/kg（±0.2kg）	最小弯曲直径/mm（±20mm）	最小破断载荷/kN
WFBS6	包塑	6	23	0.89	220	18.6
WFBS7		7	27	1.28	240	25.2
WFBS8		8	30	1.5	260	33
WFBS9		9	33	2.03	280	41.8
WFBS10		10	37	2.39	280	51.6
WFBS11		11	37	2.95	300	62.5
WFBS12		12	41	3.33	300	72.5
WFBS13		13	45	3.8	320	83

思考题

1. 双强度钢丝绳比单强度钢丝绳有哪些优点？

2. 钢丝绳绳端装置有哪几种？楔块式绳头组合安装时应该注意什么？

3. 1600kg，1.75m/s 电梯，采用 10mm 钢丝绳时，应该使用几根，绳轮应该采用什么直径？单绕时应该采用什么绳槽槽型？在此槽型下，如何计算强度？

4. 补偿链的补偿系数应该怎么计算？如果 4∶1 曳引比的电梯，采用 7 根 10mm 钢丝绳，补偿链应该选用哪个单位重量的？

5. 钢丝绳安装时，如何保证每根钢丝绳的张力相同？

第七章　电梯门系统

电梯门一般由轿厢门(轿门)与层站门(层门)组成，轿门安装在轿厢上，与轿厢随动，为主动门，一般由门机驱动。层门安装在层站入口处，一般每层可设置一个或两个出入口，特殊情况下可以设置三个或四个出入口；层门的设置方式根据其设置的位置和数量分为：单开门、贯通门、直角开门、三面开门、四面开门。层门一般为被动门。如果电梯通过但未设置层门，则称之为盲层。

电梯门主要有两类，即滑动门和旋转门。滑动门在目前大量采用，而旋转门多用于别墅或国外的一些小型公寓，当轿厢停站时，层门可以向外推(拉)开，当轿厢不在该层站时，层门锁住；使用旋转门的电梯一般不设置轿门。

而滑动门按动动方向可以分为水平滑动门、垂直滑动门、圆弧形滑动门。

水平滑动门按开门方式又可以分为中分门、旁开门。中分门又可以分为中分两扇、中分四扇、中分六扇等；旁开门可以分为旁开单扇、旁开两扇(双折旁开)、旁开三扇(三折旁开)等。旁开根据开门方向，分为左旁开、右旁开两种；开门方向以乘客站在层门外面向轿厢，开门向左为左旁开，开门向右为右旁开。(如图 7-1 中分、旁开开门示意图)

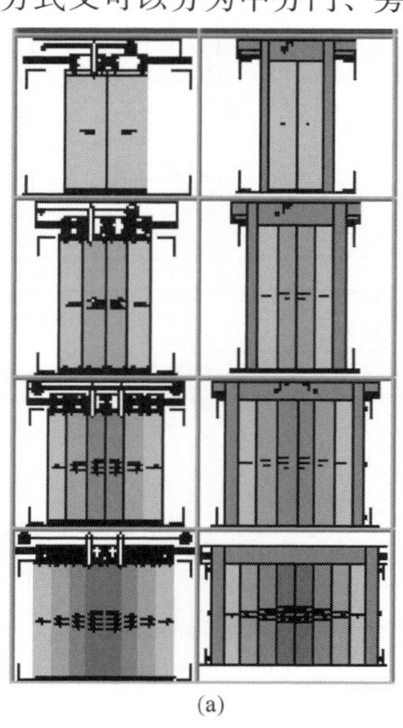

(a)

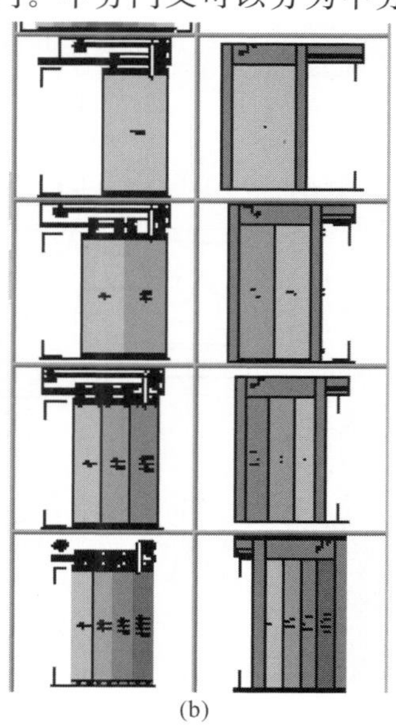

(b)

图 7-1　中分、旁开开门示意图

(a)中分门　(b)旁开门

电梯门系统可以分为手动门系统和自

动门系统，而旋转门多为手动门，水平滑动门多为自动门。自动门为国内外市场上使用最广泛的门系统，其由轿门门机、轿门、轿门地坎、门滑块、层门装置、层门、层门地坎组成。电梯开门时由门机自带的电机驱动，轿门打开的同时，安装在门机上的门刀带动安装在层门装置上的门球联动，从而打开层门。

第一节　门　　机

电梯门机，最常用的有两种大的类型，即申菱型门机和威特型门机，也通常称为日式门机和欧式门机。图 7-2 为日式门机示意图，图 7-3 为欧式门机示意图。

门机动作过程：当门机变频器(控制器)收到开门指令后，驱动电机启动，带动驱动轮动作，驱动轮带动同步带动作，同步带带动分别安装在其上部和下部的门挂板动作，从而打开轿门；同时，当轿门打开时，门刀臂由于其连杆机构的特性，被带动并且门刀臂上凸轮压紧左侧的活动门刀片，从而压住层门锁上的门球，打开层门锁，并带动层门随轿门一起打开。

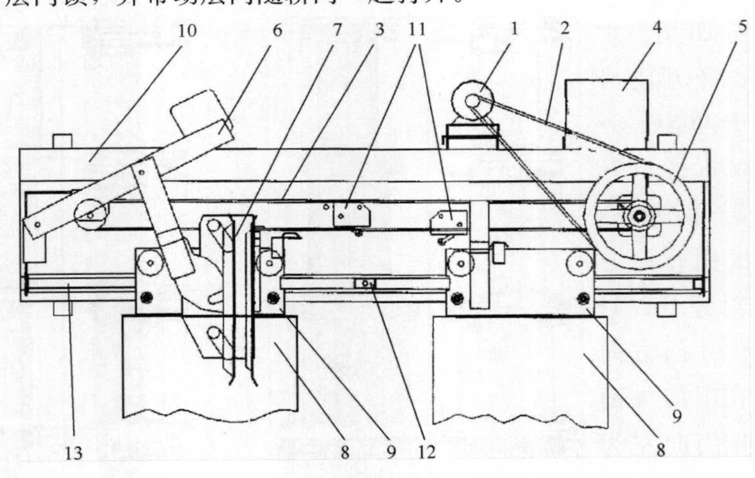

图 7-2　日式门机示意图

1—变频电机　2—驱动同步速带　3—同步带　4—门机变频器　5—驱动轮　6—门刀摆臂　7—门刀　8—轿门　9—门挂板　10—门机主体板　11—到位开关　12—限位块　13—导轨

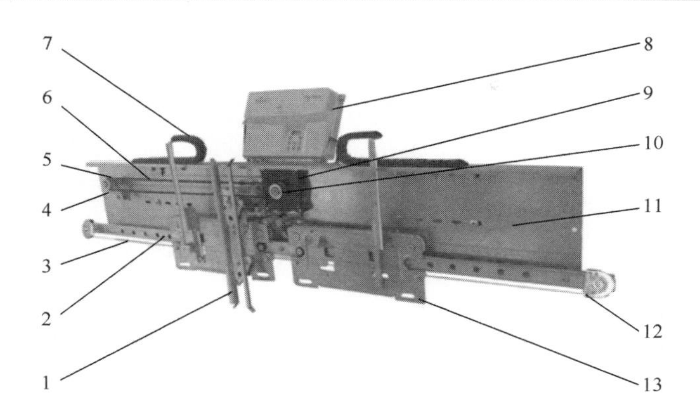

图 7-3　欧式门机结构

1—门刀　2—导轨　3—钢丝绳　4—从动轮　5—张紧装置　6—同步带　7—随行链
8—门机变频器　9—门电机和编码器　10—主动轮　11—门机本体　12—防护盖和钢丝绳轮　13—门吊板

关门时，电机带动驱动轮反向转动，带动轿门及层门关门，门刀臂向下摆动并使得凸轮机构放开活动门刀片，松开层门门锁上的门球。关门到位时，到位开关动作，门机控制器收到到位信号后，完成关门过程。

欧式门机与日式门机的不同之处，主要有几点。

1)其门挂板的动作是由主动门挂板连接在同步带上，从动门挂板是由主动门挂板带动同步钢丝绳运动，从而实现开关门动作。

2)其门挂板与门板采用吊门螺栓连接，因此门挂板通常也称为门吊板，如图 7-3 所示。

3)其门刀一般为同步门刀，门刀动作是靠复杂的连杆机构，连接在同步带上，由同步带直接带动门刀张开和闭合的。并且这种门刀的两个刀片都是活动刀片。

4)其门机开关门到位一般是由安装在电机上的编码器信号控制。

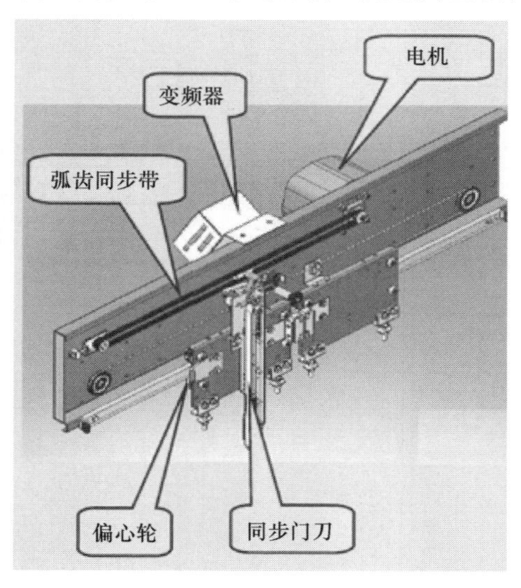

图 7-4　欧式门机示意图

图 7-4 也是一种欧式门机，其门刀

是张开式同步门刀，与图 7-3 的收紧式门刀有所不同。它们在带动层门锁时，一个靠张开门球打开层门锁，一个靠压紧门球打开层门锁。

第二节　层 门 装 置

层门装置属于被动部件，其使用类型与轿门门机相匹配。因此也按照日式及欧式划分。图 7-5 为日式门系统层门装置；图 7-6(a)(b)均为欧式门系统层门装置。

层门装置动作原理：当轿门门机打开时，活动门刀片压紧门球，从而打开门锁，进一步带动门挂板运动打开层门。从动门挂板由同步钢丝绳与主动门挂板相连接，保证两侧层门同步打开。

关门时，门刀带动门球及门挂板动作，将层门关闭，当活动门刀片放开门球时，层门靠关门重锤或关门弹簧的作用而关闭。

关门重锤或关门弹簧的自闭力，保证在层门关闭后，不会自动打开。层门锁保证层门关闭后层门不会因外力作用而误开。

层门锁触点接入电梯安全回路，在层门完全关闭后，安全回路闭合，电梯才能正常运行。

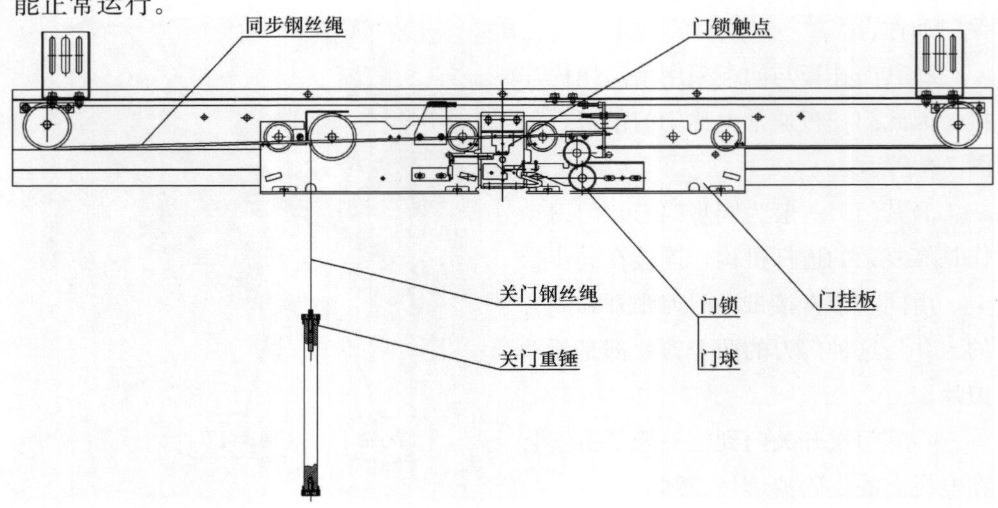

图 7-5　日式门系统层门装置

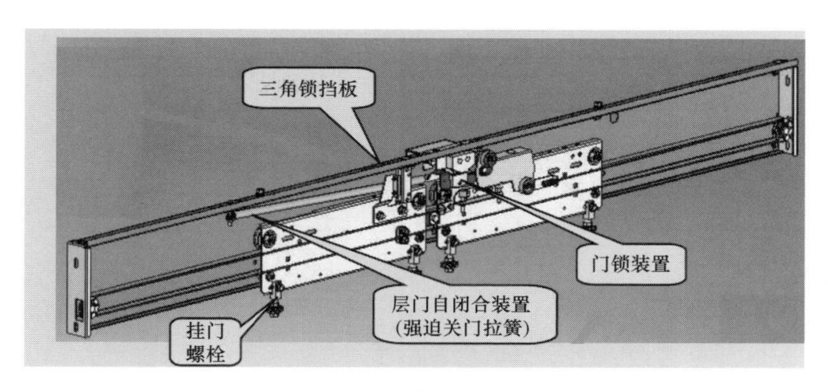

(a)

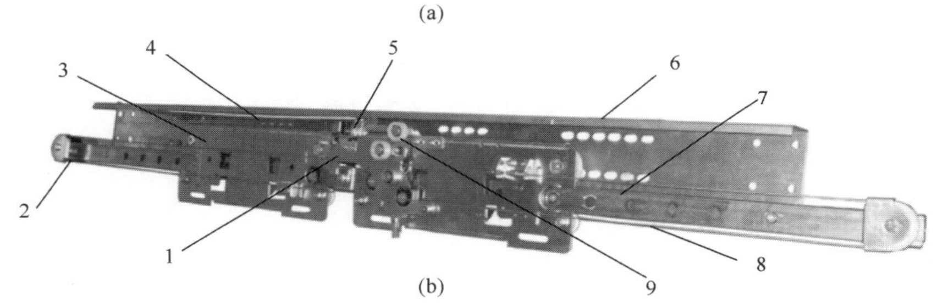

(b)

图 7-6　欧式门系统层门装置

1—门锁　2—钢丝绳轮和防护盖　3—门吊板　4—闭门弹簧　5—触点
6—层门装置本体　7—导轨　8—钢丝绳　9—门球

上面两图的欧式门系统层门装置，与日式门系统层门装置不同之处主要为层门锁及层门挂板(层门吊板)不同。

其中图 7-6(a)(b)的层门锁分别与轿门门机图 7-4 和图 7-3 中的门刀匹配使用。

另外，图 7-6(a)(b)的强迫关门是采用关门弹簧来完成的。它们也可以设计为采用关门重锤来完成强迫关门。

层门和轿门上端挂在门挂板上随门机开关门运行，而层门和轿门下端，一般采用门滑块沿着门地坎滑槽运动，门滑块和地坎起到导向及限制门板不脱出的作用。图 7-7 为两种常用的门滑块，左边的为欧式门滑块，右边的为日式门滑块。门滑块的导向材料一般为耐磨的塑料，常用聚氨酯，尼龙等。

图 7-7　门滑块

第三节　门板结构

电梯门板(层门和轿门)都是为了防止人员和物品坠入井道或轿内乘客和物品与井道相撞而发生危险。特别是电梯层门是乘客在使用电梯时首先看到或接触到的电梯部分，如果门板强度不能有保证，或者门板与门机或层门装置挂件连接强度不够，就有可能直接造成人员伤亡的事故发生。因此，门板需满足一定的强度要求。

一、门板强度要求

最新的电梯标准对门板强度要求如下(以下参考 EN81-20：2013 5.3.2 层门和轿门的强度)：

“5.3.5　层门和轿门的强度

在使用环境条件下，部件的材料应在预期寿命内保持强度特性。

5.3.5.1　火灾情况下的性能

电梯层门应符合建筑物火灾保护的有关法规的要求，该层门应符合并按 EN 81—58 进行试验。

5.3.5.2　机械强度

5.3.5.2.1　层门在锁住位置和轿门在关闭位置时，所有层门及其门锁和轿门应有这样的机械强度：

a)即用 300N 的静力垂直作用于门扇或门框的任何一个面上的任何位置，且均匀地分布在 $5cm^2$ 的圆形或方形面积上时，应能承受且没有：

1)大于 1mm 的永久变形；

2)大于 15mm 以上的弹性变形；试验后，门的安全功能不受影响。

b)即用 1000N 的静力，从层站方向垂直作用于层门门扇或门框上或从轿厢内侧垂直作用于轿门门扇或门框上的任何位置，且均匀地分布在 $100cm^2$ 的圆形或方形面积上时，应能承受且没有影响功能和安全的明显的永久变形。见 5.3.1.4(最大 10mm 的间隙)和 5.3.9.1。玻璃门见 5.3.6.2.1.1j)3)。

注：对于 a)和 b)，为避免损坏门的外表，用于提供测试力的测试装置的表面可使用软质材料。

5.3.5.2.2　另外，对于

—所有带玻璃面板的层门和轿门；

—宽度大于 150mm 的层门侧门框；

应满足以下要求(见图 7-8)：

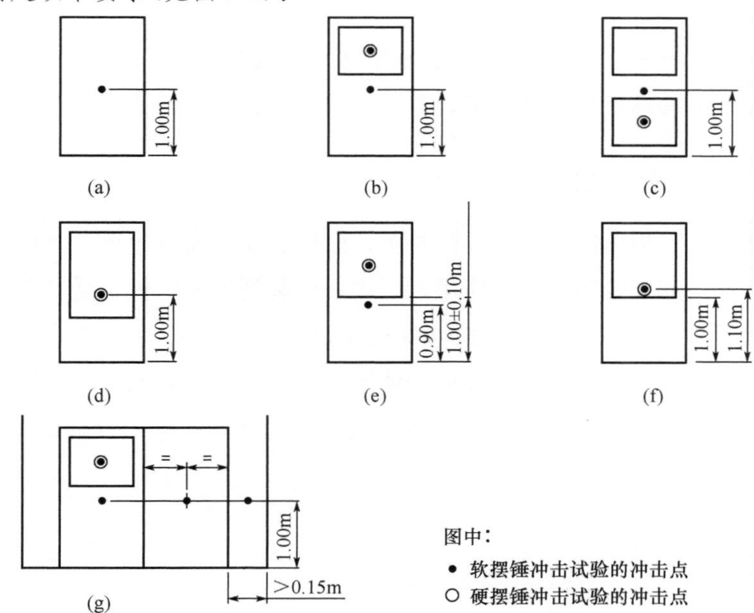

图 7-8　EN81-20 中配图

(a)没有玻璃面板的门　(b)带有玻璃面板的门　(c)带有多个玻璃面板的门

(d)带有较大玻璃面板或全玻璃的门　(e)在 1m 以上高处带玻璃面板的门

(f)在 1m 以上高处带玻璃面板的门　(g)带门扇的完整层门

注：门框侧边用来封闭井道的附加面板视为侧门框。

a)从层站侧或轿厢内侧，当相当于软摆锤冲击装置(见 EN 81－50 的 5.14)从 800mm 的跌落高度的撞击能量，从面板中部或门框中部符合表 5 所示的撞击点，撞击面板或门框时，应满足以下：

1)可能有永久变形；

2)门装置的完整性应没有损坏，门装置应保留在原有位置，且凸进井道的间隙不应大于 0.12m；

3)在摆锤试验后，不要求门能够运行；

4)对于玻璃部分，应无裂纹；

b)从层站侧或轿厢内侧，当相当于硬摆锤冲击装置(见 EN 81-50 的 5.14)从 500mm 的跌落高度的撞击能量，从玻璃面板或门框符合表 5 所示的撞击点，撞击玻璃面板或大于 5.3.7.2.1a)所描述的视窗时，应满足以下：

1)无裂纹；

2)除直径不大于 2mm 的裂口外，面板表面无其他损坏。

注：在多个玻璃面板的情况下，应考虑最薄弱的面板。”

二、门板结构形式

通常的电梯门板由门主体板、门封头、门加强筋三部分组成。其中门封头起到与门挂件连接和安装门导靴的作用。门加强筋起到加强门板，增加其强度的作用。有时为了装饰，在主体板外面增加一层装饰包板。随着生产设备的不断升级，门封头也有时候与主体板设计成一体的，由折弯成型而成。目前国内市场上使用最多的有两种类型的门板，分别为日式门板和欧式门板。分别如图 7-9 和图 7-10 所示。

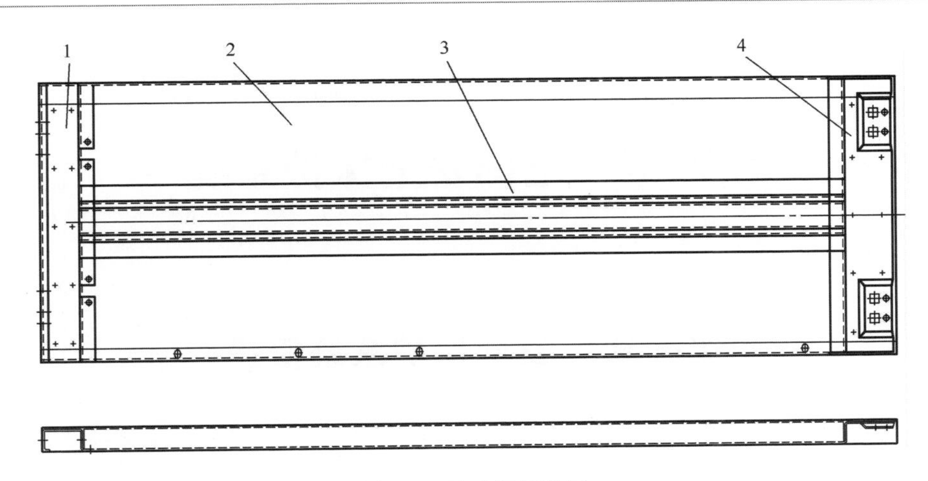

图 7-9　日式门板简图

1—上封头　2—门主体板　3—加强筋　4—下封头

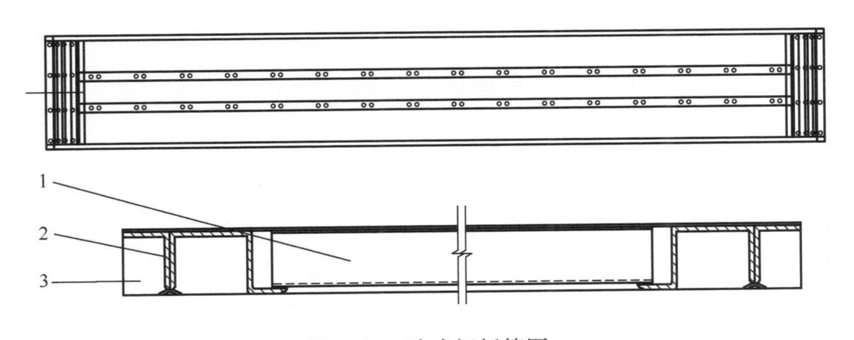

图 7-10　欧式门板简图

1—门加强筋　2—门封头　3—门主体板

思考题

1. 门系统开关门过程是怎么样的？开关门过程中有哪几个信号节点？
2. 层门系统强迫关门实现的方法有哪几种？
3. 门板的强度要求有哪些？怎么保证门板强度？

第八章　电梯安全保护系统

第一节　安全保护系统概述

电梯是频繁载人的垂直运输工具，人或货物在空间上上下下地运行，必须有足够的安全性。电梯的安全，首先是对人员的保护，同时也要对电梯本身和所载货物以及安装电梯的建筑物进行保护。为了确保电梯运行中的安全，在设计时设置了多种机械、电气安全装置，它们共同组成了电梯的安全保护系统。安全保护系统的作用就是防止和消除电梯在运行中可能发生的一切不安全状态。

一、电梯不安全状态的主要类型

(1)超速

电梯的运行速度超过极限值，一般为额定速度的115%以上。

(2)失控

电梯在运行过程中由于意外原因如制动器失效或曳引绳严重打滑或曳引绳断裂等导致正常的制动手段已无法使电梯停止运动。

(3)终端越位

电梯在顶层端站或底层端站越出正常的平层位置继续运行，常发生在平层控制装置出现故障时。

(4)冲顶或蹲底

由于意外原因电梯端站不减速或端站监控装置失灵导致电梯直接冲顶或蹲底。

(5)不安全运行

超载运行，厅、轿门未关闭运行，限速器失效状态运行，电动机错、断相运行等均属不安全运行。

(6)非正常停止

电梯因停电，控制回路故障，安全钳误动作等，引起电梯在运行中突然停止。

(7)关门障碍

电梯在关门时，受到人或物的阻碍，使门无法关闭。

二、电梯安全保护装置的种类

1)超速保护装置——限速器、安全钳。

2)超越行程的保护装置——强迫减速开关、终端限位开关。终端极限开关分别达到强迫减速、切断方向控制电路、切断动力输出(电源)的三级保护。

3)冲顶(蹲底)保护装置——缓冲器。

4)门安全保护装置——层门门锁与轿门电气联锁及门防夹人的装置(包括关门力矩检测、光幕、安全触板等)。

5)电梯不安全运行防止系统——如轿厢超载保护装置、限速器断绳开关(张紧开关)、防止门区意外移动安全保护装置等。

6)应急救援装置——盘车手轮、应急救援电源(UPS，ARD)、轿顶安全窗、层门三角锁等。

7)电路错相、断相保护装置——相序保护继电器。

8)电梯应急就近停靠。

9)报警装置，急停开关等。

10)电机过载、过流保护装置。

这些装置共同组成了电梯安全保护系统，以防止任何不安全的情况发生。同时，电梯的维护和使用必须随时注意，随时检查安全保护装置的状态是否正常有效，很多事故就是由于未能发现、检查到电梯状态不良和未能及时维护检修，及不正确使用造成的。

第二节　限速器、安全钳联动

在电梯安全保护系统中，限速器与安全钳作为电梯超速或失控时的联动保护装置。单向限速器、安全钳联动起到电梯轿厢或对重在发生超速下行时，将电梯驱动系统断电并将电梯制动在导轨上，防止轿厢蹲底的作用。如果采用双向安全钳，配合双向限速器作用，则可以在轿厢发生上行超速时将电梯驱动系统断电并将电梯制动在导轨上，防止轿厢冲顶。本节对单向(下行)安全钳及单向限速器进行说明。

特别说明，本书中所述双向限速器为配合使用双向安全钳时的限速器，限速器在上下两个方向上都可以夹紧与安全钳关联的限速器钢丝绳，使得双向安全钳动作。而对于采用电气开关驱动抱闸或夹绳器或采用机构驱动夹绳器的限速器，不能在上下两个方向上对限速器钢丝绳夹紧从而驱动安全钳，则仍称之为单向限速器。

限速器的功能：能反映轿厢或对重的实际运行速度，当速度超过允许值时能够发出信号及产生机械动作，切断控制电路或迫使安全钳动作。

安全钳的功能：当轿厢或对重超速运行或出现突然情况时，能够接受限速器操纵，以机械动作将轿厢或对重制停在导轨上。

一、造成电梯轿厢或对重坠落的原因

正常运行的电梯、一般不会发生轿厢和对重坠落，但出现下述六种可能性时，也有可能发生坠落事件。

1)曳引绳断绳；

2)有齿轮曳引机轮齿、轴、键、销断裂；

3)曳引绳或曳引轮绳槽严重磨损，导致当量摩擦系数急剧下降，当轿厢和对重不平衡越严重，比如超载或空载时，发生钢丝绳打滑；

4)制动器失灵；

5)轿厢超载严重；

6)当轿厢自重太轻时，平衡失衡，曳引力不够导致钢丝绳打滑，引起对重坠落。

为了保证安全，无论是乘客电梯、载货电梯还是病床电梯，均应安装限速器安全钳机构。

二、限速器传动系统

限速器系统包括限速器、限速器钢丝绳、限速器张紧装置、限速器张紧开关（图 8-1）。

限速器通常安装在机房，限速器张紧装置安装在井道底坑，限速器钢丝绳绕过限速器轮和张紧轮，两端通过绳夹与安装在轿厢架（对重架）上的安全钳联动机构的提拉装置相连，形成一个封闭的环路。限速器张紧开关安装在张紧装置上，防止限速器钢丝绳过度缩短或伸长以及限速器钢丝绳断绳的作用。

限速器钢丝绳通过张紧装置张紧，与限速器轮形成摩擦力，在轿厢（对重）上下运行时，通过带动钢丝绳绳头上下运动，依靠摩擦力驱动限速器轮。限速器根据其绳轮转速，来检测电梯轿厢（对重）运行速度，当轿厢（对重）超速时，限速器动作，触发电气开关，断开控制电路，如果继续超速，机械装置动作，夹紧钢丝绳，迫使安全钳动作。

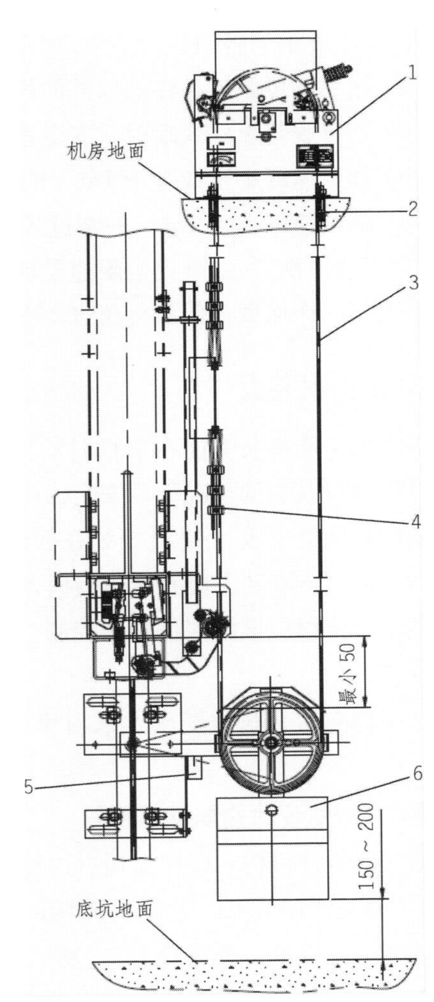

图 8-1　限速器系统

1—限速器　2—膨胀螺栓

3—限速器钢丝绳　4—绳夹

5—张紧开关　6—限速器张紧装置

三、标准对限速器动作速度的要求

根据GB 7588—2003，限速器动作速度应该符合以下要求：

1)操纵轿厢安全钳的限速器的动作应发生在速度至少等于额定速度的115%。但应小于下列各值：

①对于除了不可脱落滚柱式以外的瞬时式安全钳为0.8m/s；

②对于不可脱落滚柱式瞬时式安全钳为1m/s；

③对于额定速度小于或等于1m/s的渐进式安全钳为1.5m/s；

④对于额定速度大于1m/s的渐进式安全钳为 $1.25v+0.25/V$ m/s。

2)对重(或平衡重)安全钳的限速器动作速度应大于上面第1条规定的轿厢安全钳的限速器动作速度，但不得超过10%。

四、安全钳装置

曳引电梯轿厢应装有能在下行时动作的安全钳，在达到限速器动作速度时，甚至在悬挂装置断裂的情况下，安全钳应能夹紧导轨使装有额定载重量的轿厢制停并保持静止状态。安全钳最好装在轿厢下方。如果井道下方有人能到达的空间，则对重也应该安装有能在其下行时动作的安全钳。轿厢上行动作的安全钳也可以使用。安全钳应该由限速器来控制，不得用电气、液压或气动操纵的装置来操纵安全钳。

安全钳装置安装在轿厢架上或对重架上，安全钳装置包括操纵和制停两个部分。

1. 操纵机构(安全钳联动机构)

它是一组连杆机构，限速器通过连杆机构使得两侧的安全钳同步动作。如图8-2所示，为安装在下梁的下置式联动机构。安全钳联动机构均包含连杆(连杆机构)、提拉臂(提拉板、提拉杆等)、复位弹簧、安全钳动作检测开关。限速器钢丝绳与连接机构相连，在限速器超速机械动作时，使安全钳动作，此时安全钳动作检测开关动作，断开安全回路。救援时，在轿厢向安全钳相反方向运行后，通过安全钳楔块的自身重力与复位弹簧的综合作用，使得安全钳复位。复位弹簧还起着调整安全钳提拉力在规定的范围内的作用，防止安全钳提拉力太小容易误动作。图8-3所示，为上置式安全钳联动机构。

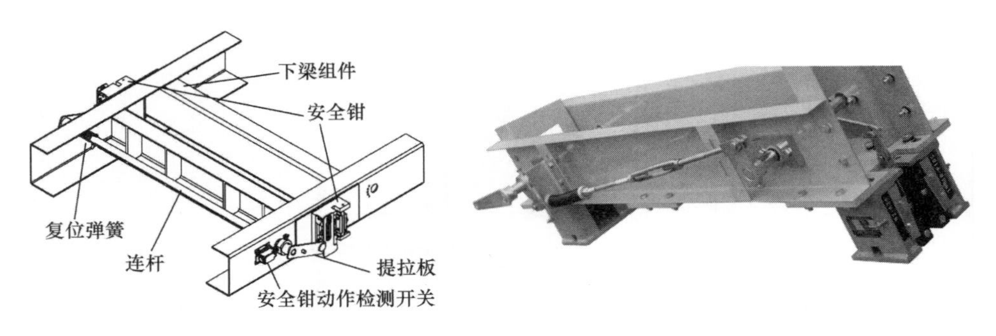

图 8-2　下置式安全钳联动机构

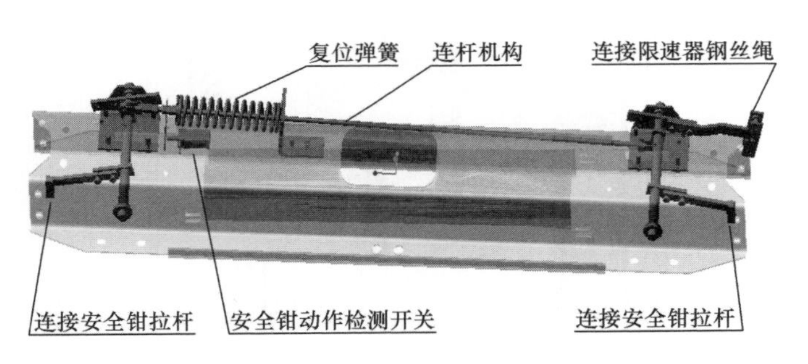

图 8-3　上置式安全钳联动机构

2. 制停机构(安全钳)

制停机构起到制停轿厢或对重的作用。安全钳需要有两组，分别安装在与两根导轨接触的轿厢(对重)外侧的下方，

五、限速器安全钳联动步骤(图 8-4)

1)电梯因各种原因超速，比如因电气系统故障造成“飞车”、断绳、曳引机主轴断裂、制动器失灵或轿厢超载造成轿厢加速下降等；

2)限速器电气开关动作，断开安全回路，制动器动作，曳引机停转，电梯停车；

3)如果轿厢或对重继续超速，限速器机械动作，夹紧钢丝绳，从而提拉安全钳联动机构，安全钳动作，同时安全钳动作检测开关动作，安全回路断开，轿厢或对重停止并夹持在导轨上；

4)检查事故原因，排除故障，复位；

5)电梯正常运行。

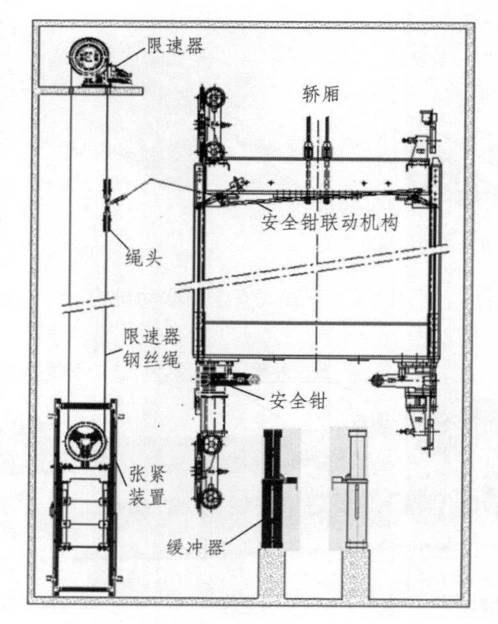

图 8-4　限速器安全钳关系

第三节　限　速　器

限速器按动作原理可以分为摆锤式和离心式两种。

一、摆锤式限速器

摆锤式限速器是利用绳轮上的凸轮在旋转过程中与摆锤一端的滚轮接触，绳轮转速变化直接反馈为摆锤摆动频率的变化。当摆动频率超过某一限定的值时，摆锤的棘爪进入绳轮的止停爪，合限速器停止转动。由于其结构特点，摆锤式限速器又称为凸轮式限速器；而根据其运动特点，也将其称之为惯性式限速器。

摆锤式限速器根据摆杆在凸轮的上下位置，分为下摆杆凸轮棘爪式限速器和上摆杆凸轮棘爪式限速器。

1. 下摆杆凸轮棘爪式限速器

此限速器结构如图 8-5 所示。其动作原理如下：

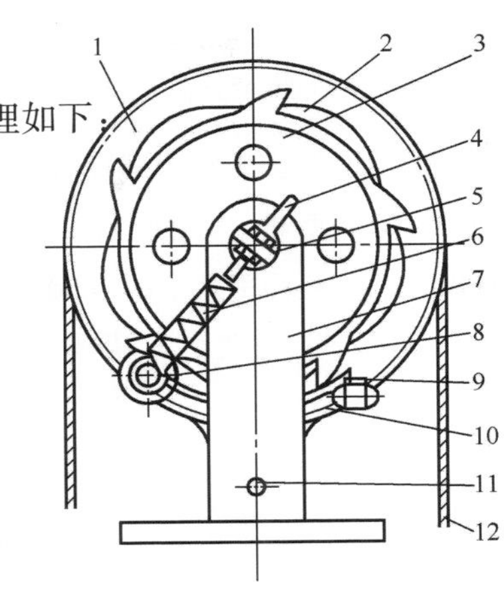

图 8-5 下摆杆凸轮棘爪式限速器

1—限速器轮 2—凸轮 3—棘轮
4—限速拉簧调节螺栓 5—制动轮轴
6—拉簧 7—限速器机架 8—胶轮
9—棘爪 10—摆杆 11—销轴 12—限速器绳

当轿厢下行时，限速器绳 12 带动限速轮 1 旋转，限速器轮上有一个 5 边形盘状凸轮 2，限速器轮转动时，凸轮轮廓线与装在摆杆上的限速胶轮 8 接触，凸轮轮廓线径向上的变化使摆杆 10 摆动，由于胶轮轴的另一端被限速器拉簧 6 拉住，在额定速度范围内，使摆杆右边的棘爪 9 与棘轮 3 上的棘齿脱离接触。当轿厢超速达到限定的值时，凸轮转速加快，使得胶轮受到的离心力增加，带动摆杆摆动的角度增大到使棘爪与棘轮上的棘齿相啮合，限速器被迫停止转动。随着轿厢继续下行，限速器轮槽与限速器钢丝绳之间产生摩擦力使限速器绳被轧住，带动安全钳联动机构，将安全钳拉杆提起，安全钳楔块动作，将轿厢夹持在导轨上。调节拉簧 6 的力，可以调节限速器的动作速度。

2. 上摆杆凸轮棘爪式限速器

上摆杆凸轮棘爪式限速器的动作原理与下摆杆式相同，其结构如图 8-6 所示。它与下摆杆式不同在于，它增加了超速安全开关。超速安全开关的作用是在停止棘爪动作之前动作，断开安全回路。此后如果轿厢继续超速，才使机械动作。

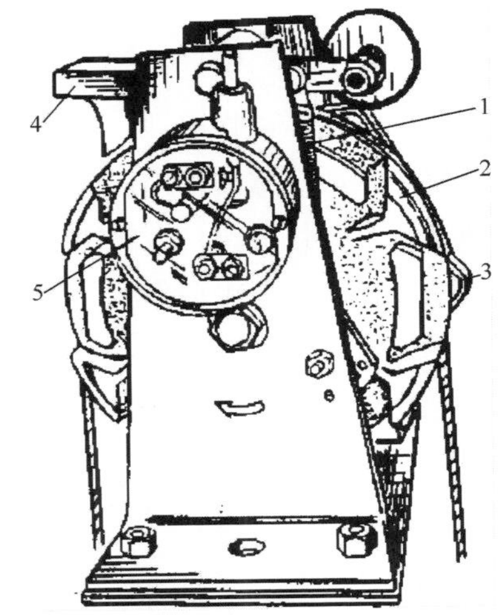

图 8-6 上摆杆凸轮棘爪式限速器

1—调节弹簧 2—制动轮
3—凸轮 4—超速开关 5—摆杆

摆锤式限速器没有可靠的轧绳装置，只靠限速器钢丝绳与限速轮的接触产生的摩擦力动作于安全钳。因此，它仅用于 1m/s 以下的低速电梯，配合瞬时式安全钳一起使用。

二、离心式限速器

离心式限速器以旋转所产生的离心力来反映电梯的实际运行速度，常用的有甩块式和甩球式两种。下面以国内最常见的甩块式限速器来说明其结构及动作原理。图 8-7 即为一种甩块式、带棘爪的摩擦式限速器。

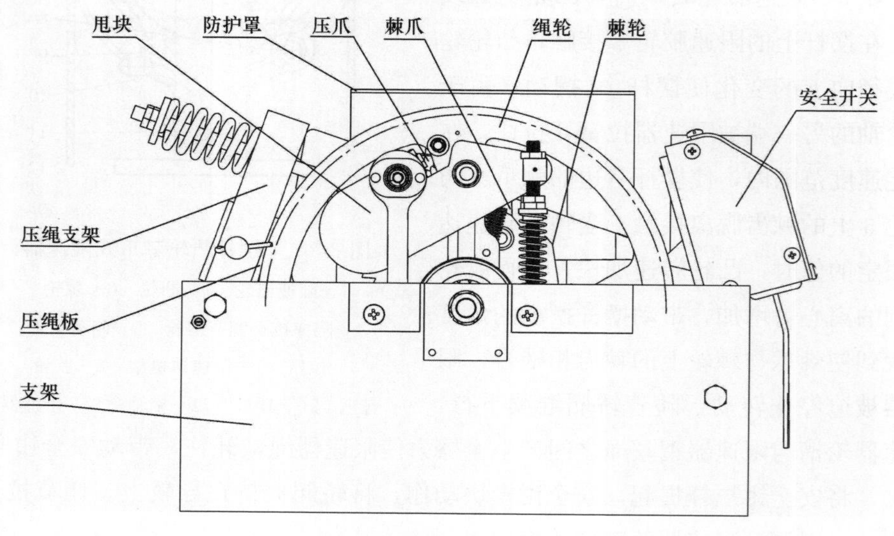

图 8-7　甩块式限速器

甩块式限速器动作原理：轿厢速动限速器钢丝绳运动，限速器绳轮随钢丝绳转动，甩块因离心力的作用向外扩张，当轿厢运动速度达到限速器动作速度时，甩块速动棘爪卡住棘轮，棘轮继续转动带动压绳板压住绳轮及钢丝绳，钢丝绳停止运动从而提拉安全钳动作。

第四节　安　全　钳

一、安全钳结构形式

安全钳是安全钳装置的制动元件，它主要由钳座、钳块、拉杆、弹簧构成，而安全钳的钳块形式主要有单面滚珠式，双面滚珠式、单面楔块式、双面楔块式等。如图 8-8 所示。

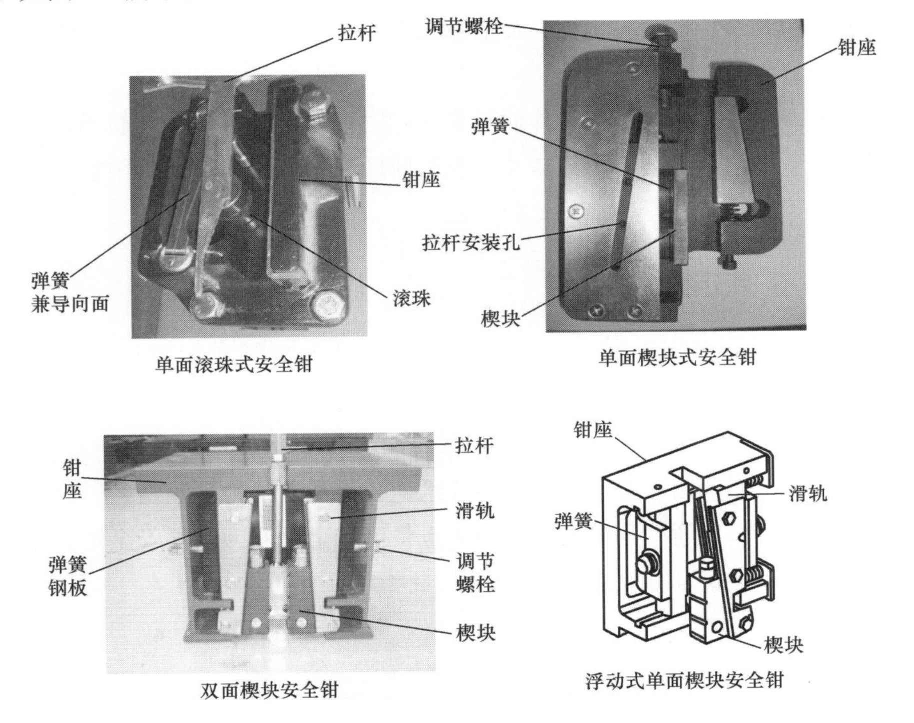

图 8-8　安全钳钳块形式

滚珠式安全钳动作时，钳块(滚珠)与导轨是线接触，当安全钳动作后，有可能产生滚珠咬合导轨，致使安全钳释放时需要比较大的力，不利于紧急救援。楔块式安全钳，其钳块与导轨为面接触，不容易产生咬死的现象。

单面钳块(滚珠、楔块)安全钳，由于安全钳动作时，动作的钳块最先与导轨面接触，对导轨会产生一个单方向的压力，直到轿厢微量移动，从而使另外一面(静止面)也接触到导轨，这样的导轨和轿厢的受力状况都不好，对导轨在轿厢前后方向上的抗弯强度有较高的要求。

为了改善单面楔块式安全钳动作时的导轨受力，人们将安全钳制动元件设计成在轿厢前后方向可以产生微量浮动，当单边楔块接触导轨受力后，制动元件可以向相反方向位移，直到两个面都接触导轨，而这时安全钳钳座与轿厢保持前后方向不动，也相对缓解了轿厢的受力。如图 8-8 中浮动式单面楔块安全钳，其钳座上下各设置一导向槽，钳块及弹簧钢板模块可以在槽中浮动，楔块侧还设置有限位块及复位弹簧，以便安全钳释放后钳块及弹簧钢板组成的模块可以恢复到动作前的位置。

双面楔块式安全钳由于其动作时双楔块同时动作，同时接触导轨面，因此轿厢对导轨产生的前后方向的弯矩较小，而且轿厢在安全钳动作过程中前后没有位移。因此双面楔块式安全钳应用比较广泛。

二、安全钳分类

通常，按照安全钳的动作过程，可以将其分为瞬时式安全钳和渐近式安全钳。

1. 瞬时式安全钳动作特点及使用范围

瞬时式安全钳的钳座是简单的整体式结构，其承载结构是刚性的，动作时产生很大的制停力，使轿厢立即停止。因此也将该安全钳称为刚性安全钳、急停型安全钳。图 8-9 所示为两种瞬时式安全钳。

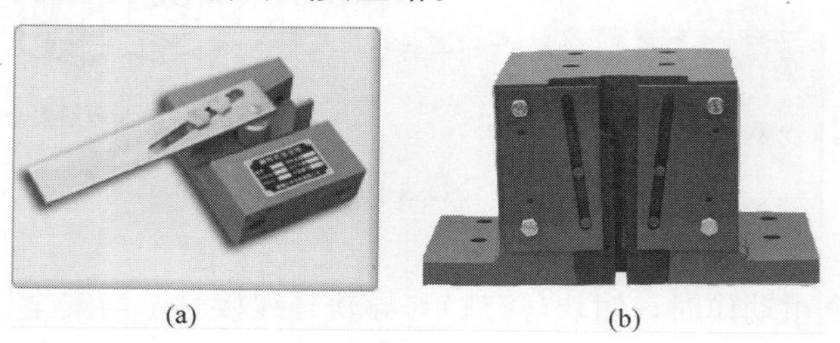

(a) (b)

图 8-9　瞬时式安全钳

(a)单面滚珠瞬时安全钳　(b)双面楔块瞬时安全钳

瞬时安全钳制停距离短，轿厢承受的冲击大。在制停过程中钳块迅速地卡住导轨表面，从而使轿厢停止。滚柱型瞬时安全钳的制停时间约 0.1s 左右。而双楔块瞬时安全钳制停力最高时，脉冲宽只有 0.01s 左右。整个制停距离只有几十毫米，甚至几个毫米。轿厢的最大减速度在 5～10g(g 为重力加速度)。为了避免对人或货物造成伤害，标准规定，瞬时安全钳只能用于额定速度不大于 0.63m/s 的电梯。通常与刚性甩块式限速器配合使用。

2. 渐近式安全钳动作特点及使用范围

渐近式安全钳又称为弹性安全钳，由于钳座是弹性的，钳块从夹持导轨到电梯制停时，弹性元件受力变形，使钳块与导轨之间的压力保持在一定范围内，这样其制停力就逐渐增大或保持在一个恒定值，使轿厢制停时滑移一段距离，从而大大缓冲了制动时的冲击力，适宜于任何速度的电梯。

图 8-8 中安全钳均为渐近式安全钳。

图 8-10 中所示为弹性导向夹钳式安全钳。

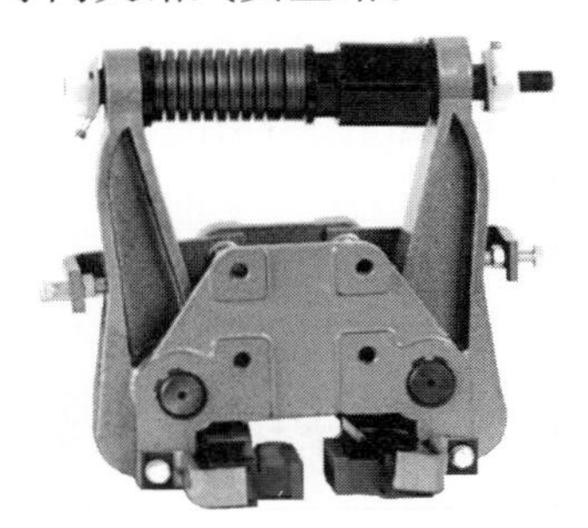

图 8-10　弹性导向夹钳式安全钳

弹性导向夹钳式安全钳有两个楔形钳块，楔块背面有滚柱，在钳体的钢槽内滚动。当提拉杆将楔形钳块向上提起，楔块背面滚柱组随动，楔块与导轨面接触后，楔块继续上滑直到限位板停止。此时楔块夹紧力达到预定的最大值，形成一个不变的制动力，使轿厢以一个较低的减速度平滑减速停车。而通过背部的弹簧可以调节最大夹持力。

渐近式安全钳中也有偏心式或滚珠式的钳块，在动作时由于钳块与导轨的接触面小，容易发生咬死导轨从而无法释放的现象，因而常用于速度在 1.75m/s 以下的一般快速电梯。而高速电梯多采用楔块型渐近安全钳。

三、安全钳使用技术要求

1)安全钳应成对使用，且应采用连杆机构保证其动作同步。

2)若电梯额定速度大于 0.63m/s，轿厢应采用渐进式安全钳。若电梯额定速度小于或等于 0.63m/s，轿厢可采用瞬时式安全钳。

3)若轿厢装有数套安全钳，则它们应全部是渐进式的。

4)若额定速度大于1m/s，对重(或平衡重)安全钳应是渐进式的，其他情况下，可以是瞬时式的。

5)轿厢和对重(或平衡重)安全钳的动作应由各自的限速器来控制。

6)在装有额定载重量的轿厢自由下落的情况下，渐进式安全钳制动时的平均减速度应为0.2～1.0g。(g为重力加速度)。

7)只有将轿厢或对重提起，才能释放轿厢或对重上安装的安全钳。

8)轿厢空载或者载荷均匀分布的情况下，安全钳动作后轿厢地板的倾斜度不应大于其正常位置的5%。

9)当轿厢安全钳作用时应同时或在其动作前有一装在轿厢上的电气开关切断控制回路使驱动主机停转。

第五节　上行超速保护装置

曳引驱动电梯必须设置轿厢上行超速保护装置，此装置可以作用于电梯轿厢、对重、钢丝绳、曳引轮或只有两个轴承的曳引轮轴上。它可以使轿厢在上行超速时，使电梯减速制停或将速度减小到对重缓冲器的设计范围，其减速度不得大于1g。

如果上行超速保护装置是由外部能量来驱动，则当外部能量没有时，该装置应能使电梯制动并保持停止状态。释放该装置应不需要接近轿厢或对重。

•上行超速保护装置的种类

上行超速保护装置应该包括速度监控和减速元件，常见的速度监控元件即限速器；常见的减速元件有对重安全钳、带上行动作的安全钳(双向安全钳)、钢丝绳夹绳器、永磁同步曳引机的冗余制动器等。通常人们所指的上行超速保护装置即指的是减速元件。

1. 双向安全钳或对重安全钳

双向安全钳(图8-11)与具有对限速器钢丝绳双向制动功能的限速器配套使用，限速器的上行超速动作速度要高于下行超速动作速度，而对重安全钳须与对重侧限速器配套使用，对重侧限速器的动作速度也必须要高于轿厢侧限速器的下行超速时的动作速度。标准规定：对重侧安全钳的动作速度应该大于轿厢侧安全钳的动作速度，但不超过10%。而上行超速保护装置的动作速度下限为电梯额定速度的115%，上限不超过轿厢侧安全钳动作速度的10%。

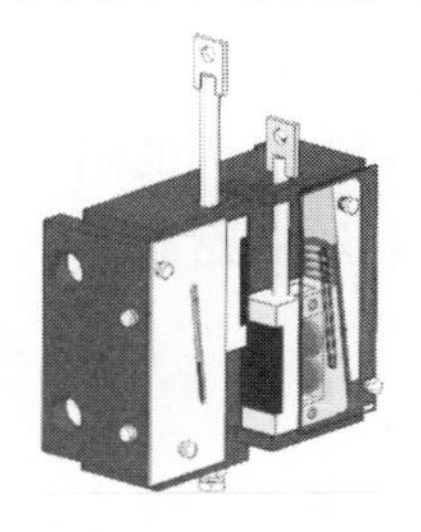

图8-11　双向安全钳

2. 钢丝绳夹绳器

钢丝绳夹绳器(图8-12)分为电气触发和机械触发两种类型，电气触发又分为得电触发和失电触发。电气触发夹绳器由带有上行超速电气开关的限速器来触发。机械触发的夹绳器由带有上行超速机械触发钢线拉线的限速器来触发。显然，无论是上行超速电气开关的动作速度还是机械触发钢丝拉线的动作速度均应该大于限速器的下行超速动作速度。

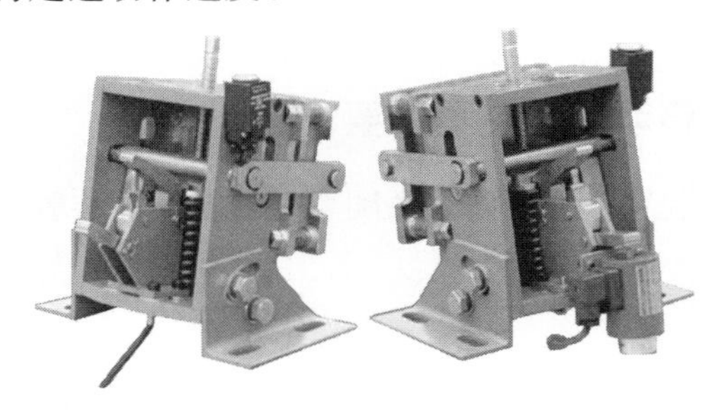

图8-12　机械触发和电触发夹绳器

电气触发夹绳器有一个控制模块，其触发信号均来自于限速器上行超速保护电气开关。当限速器监测到上行超速并且上行超速保护开关动作后，夹绳器控制模块收到信号，从而触发夹绳器电磁铁，使夹绳器动作，夹住钢丝绳。

3. 永磁同步曳引机冗余制动器

制动系统应具有一个机-电式制动器，所有参与向制动面施加制动力的制动器机械部件应分两组装设。如果由于部件失效一组部件不起作用，应仍有足够的制动力使载有额定载重量以额定速度下行的轿厢和空载以额定速度上行的轿厢减速、停止并保持停止。具有上述特征的制动器称为冗余制动器。

冗余制动器作为上行超速保护装置，应具有自监控装置。自监控是指对机械装置的正确提起或释放的确认或对制动力的确认。如果检测到失效，应防止电梯的下一次正常启动。自监控应进行型式试验。

第六节　防止轿厢意外移动保护措施

轿厢意外移动是指在层门未被锁住且轿门未关闭的情况下，由于轿厢安全运行所依赖的驱动主机或驱动控制系统的任何单一元件失效引起轿厢离开层站的非受控性移动。如果电梯采用永磁同步曳引机的冗余制动器作为制动元件，且不具有开门情况下的平层、再平层和预备操作功能，则不需要检测轿厢的意外移动。电梯应具有防止该移动或使移动停止的装置。这里所指的意外移动不包括悬挂绳、链条和曳引轮、滚筒、链轮、液压软管、液压硬管和液压缸的失效。曳引轮的失效包含曳引能力的突然丧失。

一、轿厢意外移动保护装置的要求

与上行超速保护装置类似，防止轿厢意外移动保护装置可以作用于：

1)轿厢；

2)对重；

3)钢丝绳系统(悬挂绳或补偿绳)；

4)曳引轮；

5)只有两个轴承的曳引轮轴上。

防止轿厢意外移动保护装置的制动元件可以是用于下行超速保护装置或上行超速保护装置的同一装置，也可以不同于上面这两种功能的保护装置。

该装置应在规定距离内停止轿厢，如图 8-13 所示。所规定的移动距离均从平层区域的停止位置计算，在轿厢载荷不大于 100％额定载荷的情况下均应满足规定距离的要求。具体要求如下：

1)与检测到轿厢意外移动的层站的距离不超过 1.20m；

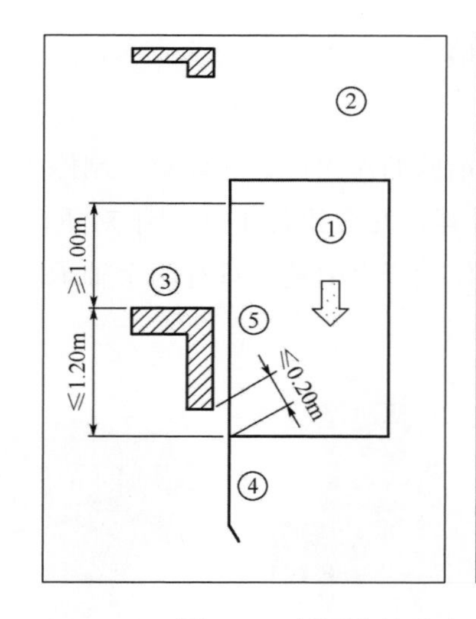

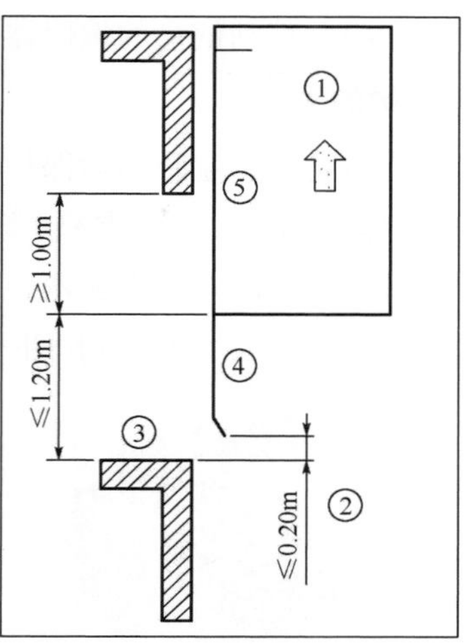

图 8-13　轿厢意外移动一向上和向下移动距离

①—轿厢　②—井道　③—层站

④—轿厢护脚板　⑤—轿厢入口

2)层门地坎和轿厢护脚板最低部分之间的垂直距离不应超过 200mm；

3)对于部分封闭的井道，层门侧设置不低于 3.5m 的围壁时，轿厢地坎与面对轿厢入口的井道壁最低部件之间的距离不超过 200mm；

4)轿厢地坎与层门门楣之间或者层门地坎与轿厢门楣之间的垂直距离不应小于 1.0m。

二、轿厢意外移动保护装置的构成

轿厢意外移动保护装置，由检测触发装置与制停机构构成。检测触发装置负责检测开门状态和轿厢位置信息，并在轿厢发生门区意外移动时触发制停机构。制停机构负责在补触发后制停轿厢并保证轿厢意外移动距离不超过规定的最大值 1.2m。

1. 检测触发装置的类型

检测触发装置一般类型有开门平层再平层电路板(安全电路)和可编程电子安全相关系统(电子限速器，PESSRAL)。

检测触发装置对门区意外移动的判断，根据的是开关门到位信号、门区信号或者反映轿厢在门区移动信息的编码器信号。

2. 制停机构的类型

根据标准对防止轿厢意外移动保护措施的作用位置的要求，制停机构可以为作用于轿厢的双向安全钳、抱(夹)轨器等，安全钳加上作用于对重的对重安全钳，作用于钢丝绳系统的双向夹绳器，作用于曳引轮或只有两个轴承的曳引轮轴的制动器，以及液压电梯的电磁阀(图 8-14)。

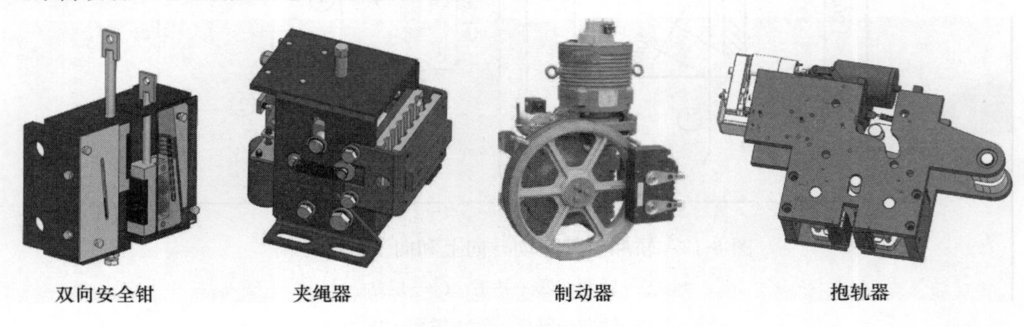

图 8-14　防止轿厢意外移动的制停装置

3. 防止轿厢意外移动保护装置的实现方案

防止轿厢意外移动保护装置，可以根据电梯驱动主机其制动器以及电梯是否具有提前开门功能来采用不同的配置方案。

根据标准，采用永磁同步曳引机的冗余制动器作为制动元件的，并且电梯不具备有提前开门或平层、再平层功能的曳引式电梯，不需要设置轿厢意外移动监测装置。

如果电梯采用永磁同步曳引机的冗余制动器作为制动元件的，并且电梯具有开门运行功能的，电梯应设置轿厢意外移动监测装置，此时，冗余制动器可以作防止轿厢意外移动保护装置的制停装置，但冗余制动器必须至少应有符合下面要求中的任意一项的检测方式：①对制动器的机械部件的正确的提起和释放的监测(微动开关)；②对制动器制动力有效性的验证，此验证可以通过控制系统在适当的时候给制动器闭合时的曳引机一个适当的驱动输出，并且监测编码器是否有信号输出的方法来验证。

如果电梯采用有齿轮曳引机，则必须设置防止轿厢意外移动保护装置。此时可以采用双向安全钳、对重安全钳、双向夹绳器、夹轨器或者设置在有齿轮曳引机曳引轮上的独立的制动器作为制停装置。

图 8-15 为防止轿厢意外移动保护装置的整体方案。

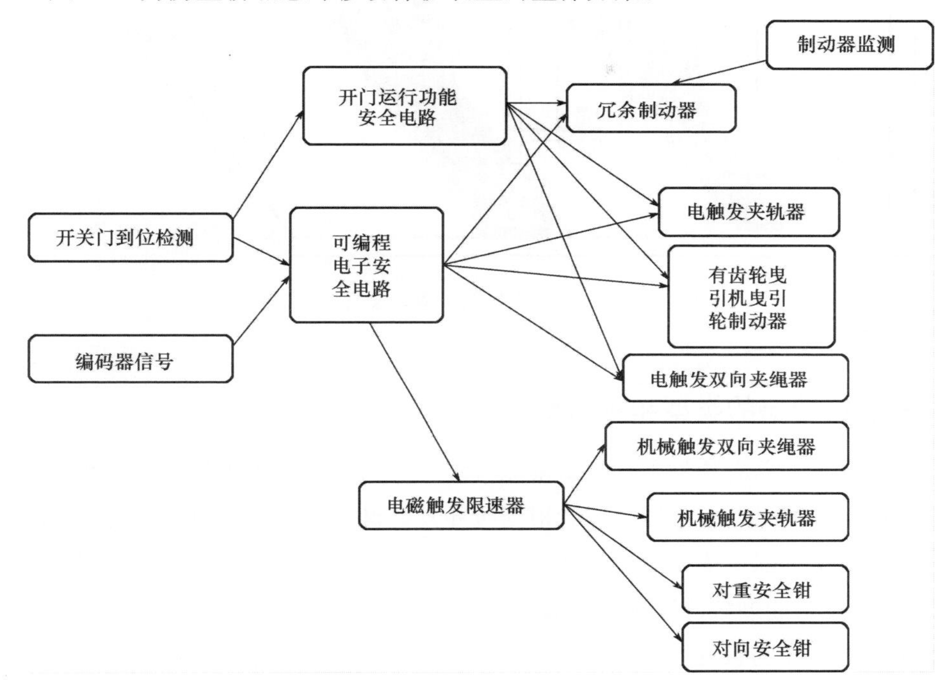

图 8-15　防止轿厢意外移动保护装置

第七节　缓　冲　器

缓冲器是电梯极限位置的最后一道安全保护装置，当电梯失控冲顶或蹲底时，缓冲器将吸收和消耗电梯轿厢或对重的冲击能量，使电梯轿厢或对重安全减速并停止。

缓冲器一般安装在井道的底坑里(图 8-16)，轿厢和对重各配有 1～2 个缓冲器。而对于强制驱动电梯，应在轿厢顶部安装有能在轿厢处于上极限位置时起作用的缓冲器，并且如果安装有对重缓冲器，应该在对重缓冲器完全压缩后轿厢顶部的缓冲器才起作用。

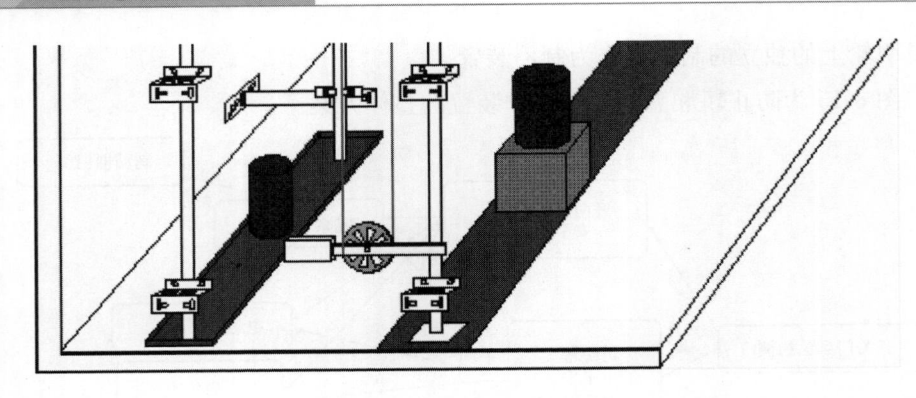

图 8-16　底坑缓冲器示意图

一、缓冲器的类型和技术要求

电梯用缓冲器有两种类型，即蓄能型缓冲器和耗能型缓冲器。蓄能型缓冲器又分为线性和非线性缓冲器，或者根据缓冲器材料分为弹簧缓冲器和聚氨酯缓冲器，耗能型缓冲器一般是液压缓冲器。

(1)线性蓄能型缓冲器技术要求

缓冲器可能的总行程应至少等于相应于115%额定速度的重力制停距离的两倍，即 $0.135v^2$(m)。无论如何，此行程不得小于 65mm。缓冲器的设计应能在静载荷为轿厢质量与额定载重量之和(或对重质量)的 2.5～4 倍时达到上述总行程。

(2)非线性蓄能型缓冲器技术要求

非线性蓄能型缓冲器应符合下列要求：

①当装有额定载重量的轿厢自由落体并以 115%额定速度撞击轿厢缓冲器时，缓冲器作用期间的平均减速度不应大于 $1g_n$；

②$2.5g_n$ 以上的减速度时间不大于 0.04s；

③轿厢反弹的速度不应超过 1m/s；

④缓冲器动作后，应无永久变形。

(3)耗能型缓冲器技术要求

耗能型缓冲器的总行程应至少等于相应于115%额定速度的重力制停距离，即 $0.0674v^2$(m)。

当按要求对电梯在其行程末端的减速进行监控时，对于按照上面规定计算的缓冲器行程，可采用轿厢(或对重)与缓冲器刚接触时的速度取代额定速度。但行程不得小于：

①当额定速度小于或等于 4m/s 时，按上面规定计算行程的 50%。但在任何情况下，行程不应小于 0.42m。

②当额定速度大于 4m/s 时，按上面规定计算行程的 1/3。但在任何情况下，行程不应小于 0.54m。

耗能型缓冲器还应符合下列要求：

①当装有额定载重量的轿厢自由落体并以 115%额定速度撞击轿厢缓冲器时，缓冲器作用期间的平均减速度不应大于 $1g_n$；

②$2.5g_n$ 以上的减速度时间不应大于 0.04s；

③缓冲器动作后，应无永久变形。

二、弹簧缓冲器

弹簧缓冲器属于线性蓄能型缓冲器，一般是由圆形钢丝或方形钢丝制成的螺旋弹簧作为主要部件，有圆柱形螺旋弹簧和锥形螺旋弹簧两种，目前锥形弹簧已经很少使用。

弹簧缓冲器在受到冲击后，使轿厢或对重的动能和势能转化为弹簧的弹性变形能，由于弹簧的反作用，使轿厢或对重减速。但当弹簧压缩到极限位置后，弹簧要释放缓冲过程中的弹性变形能，轿厢或对重仍要反弹上升产生撞击。

弹簧缓冲器一般由缓冲橡胶、缓冲座、弹簧、弹簧座组成(图 8-17)，为了适应大吨位轿厢，压缩弹簧由组合弹簧叠合而成。行程高度较大的弹簧缓冲器，为了增强弹簧的稳定性，在弹簧下部常设有导套或在弹簧中设置导向杆。

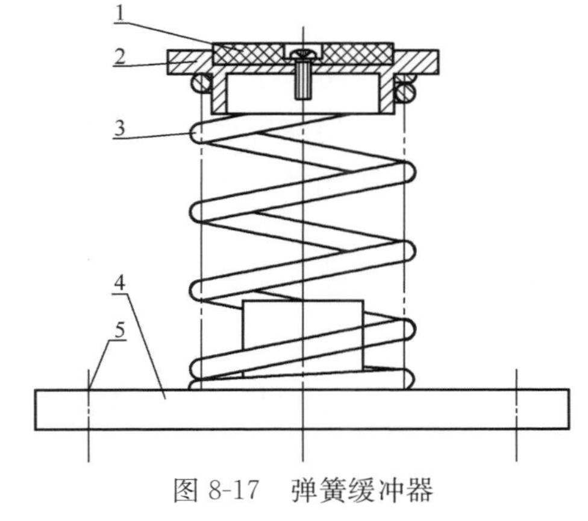

图 8-17　弹簧缓冲器

1—缓冲橡胶　2—缓冲座
3—压缩弹簧　4—底座　5—膨胀螺栓

三、聚氨酯缓冲器

聚氨酯缓冲器属于非线性蓄能型缓冲器，它靠聚氨酯弹性体的变形来吸收轿厢或对重的动能和势能。在聚氨酯弹性体变形时，由于其弹性变形不是均匀变化的，因而其对动能和势能的吸收也是非线性的。聚氨酯缓冲器是由聚氨酯缓冲块及底座组成，如图 8-18 聚氨酯材料是一种高分子材料被称为五大工程塑料之一。

图 8-18　聚氨酯缓冲器

四、液压缓冲器

液压缓冲器是利用对液体流动的阻尼完成制动的。其在制停期间的作用力近似常数，从而可以均减速地制停轿厢或对重。液压缓冲器中所采用的液体一般为液压油，因而又可称之为油压缓冲器。

液压缓冲器有各种构造，虽然结构有所不同，但基本原理相同。当轿厢或对重撞击缓冲器时，柱塞向下运动，压缩油缸内的油，使油通过节流孔外溢，在制停轿厢或对重的过程中，使动能转换为油的热能，消耗了动能，使轿厢或对重以一定的减速度逐渐停止下来。当轿厢或对重离开缓冲器时，柱塞在复位弹簧或其他复位机构的作用下，向上复位。

图 8-19 是一种油缸上带节流孔的液压缓冲器，其柱塞同时也是一个气腔，在其被冲击时，柱塞下压，缸内液压油通过节流孔外溢，同时柱塞气腔内惰性气体被压缩。柱塞越往下压，缸体上的节流孔数量就变少。等压缩完成，轿厢或对重复位后，由于柱塞内的气压作用，使其慢慢复位。

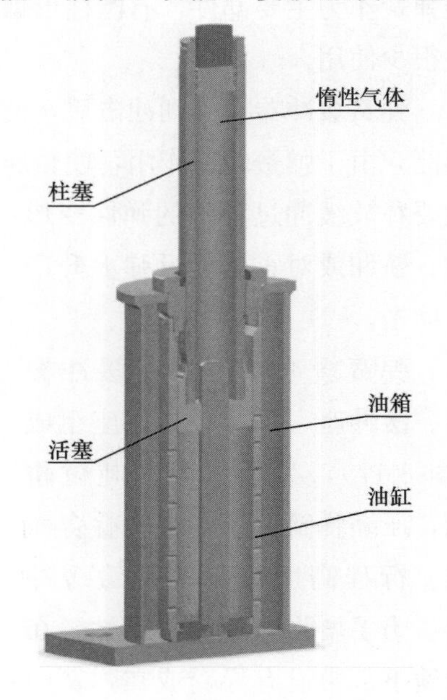

图 8-19　气压复位的液压缓冲器

图 8-20 是一种具有锥形环状节流孔的液压缓冲器，当柱塞被压缩时，液压油通过节流孔从油缸流入到柱塞的油箱中。它是靠复位弹簧复位。

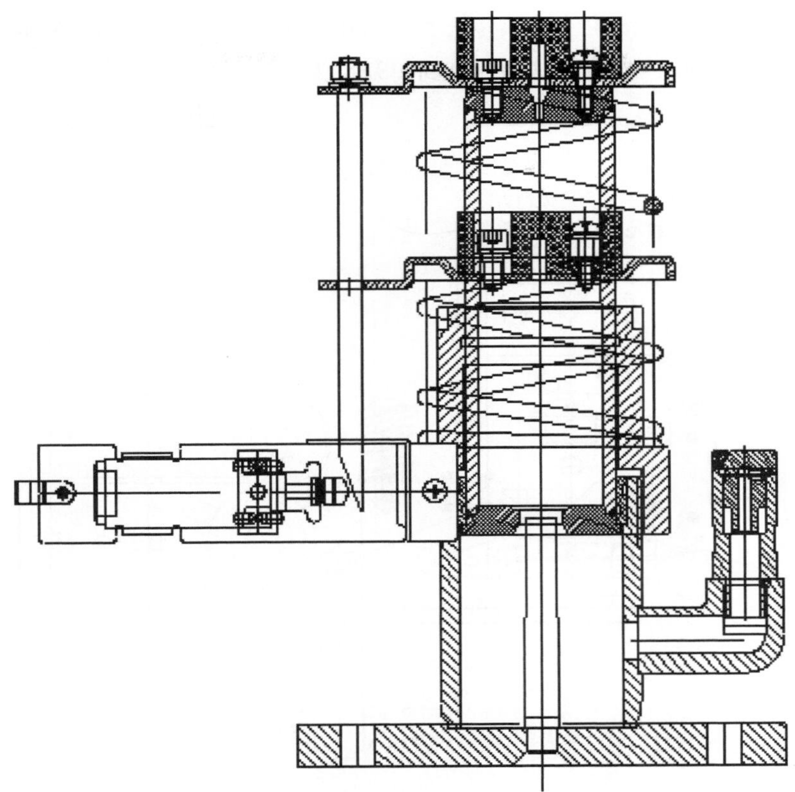

图 8-20　具有锥形环状节流孔的缓冲器

第八节　层　门　锁

电梯层门的开和关，是通过安装在轿门上的开门刀来实现的。每个层门上都装有层门锁，层门关闭后，门锁的机械锁钩啮合，同时层门电气联锁触头闭合，电梯控制回路接通，此时电梯才能启动运行。

下面我们以图 8-21 161 型门锁来说明门锁的动作原理。电梯正常运行时，安装在轿门上的两片“刀片”从门锁上的两只滚轮两旁穿过，当停站开门时，“刀片”随轿门横向移动，如图所示的为“刀片”向右移动开锁的门锁结构。“左刀片”向右移动时，使上滚轮绕销轴移动，使锁钩作顺时针回转脱离挡块开锁，同时锁钩头部触点座与电触头开关脱离。在开锁过程中，“右刀片”以较快的速度接触下滚轮，当“左刀片”将上滚轮外缘推移使下滚轮外缘齐时，上滚轮停止销轴转动，层门开始随着“刀片”一起向右移动，直到门开足为止。

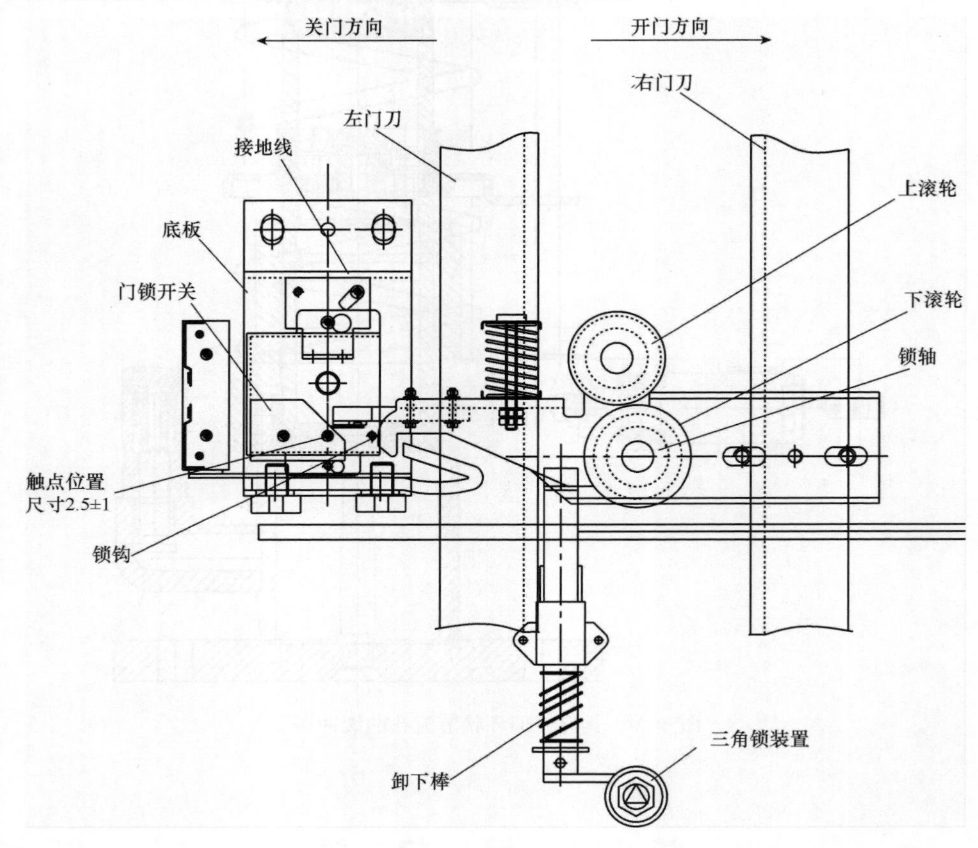

图 8-21　161 型门锁

关门时，两“刀片”同时夹持上下滚轮，上滚轮及锁钩不发生转动，促使层门随同“刀片”一起朝关门方向运动，当门接近关闭时，“左刀片”向左移动上滚轮锁钩在弹簧力与自身重力的作用下作逆时针回转与锁钩啮合，同时右刀片以较快的速度离开下滚轮，导电座与电开关触头接触，使层门上锁。检查门是否关紧和上锁，用门锁开关来鉴定，如果门已上锁，电梯就能启动，如果门没有上锁，电梯就不能启动。

紧急情况开锁时，将三角锁插入紧急开门三角锁向左旋转，开锁装置向上推动卸下棒，卸下棒发生向上位移推动锁钩作顺时针回转脱离挡块开锁。

图 8-22 所示为 210/10/40 型门锁，也是常用的一种。这种门锁打开是通过门刀的张开来带动门球，从而打开门锁的。

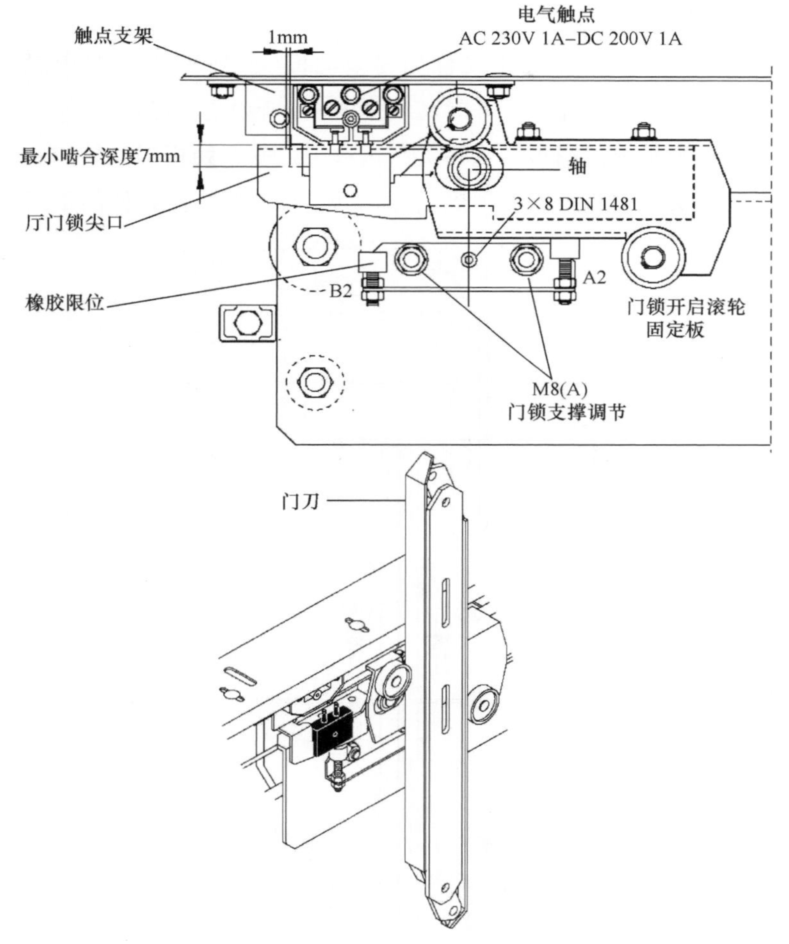

图 8-22　210/10/40 型门锁

第九节　电梯门入口保护

为了防止在关门过程中夹伤人，电梯门入口应该安装入口保护装置。当该保护装置检测到有人或物品阻挡门关闭时，门应能自动打开；当障碍物移开时，门

应能重新关闭。常见电梯门入口保护装置有下面几种。

一、接触式门入口保护装置

接触式门入口保护装置通常又称为安全触板(如图 8-23)。它由触板、控制杆、微动开关组成。当门完全打开时，安全触板向后缩进与门板相平；当门在关闭过程中，安全触板突出门板，当在关门过程中，安全触板碰到障碍物，触板后缩，触动微动开关，门机控制器得到信号，并给出开门指令，使门重新打开。

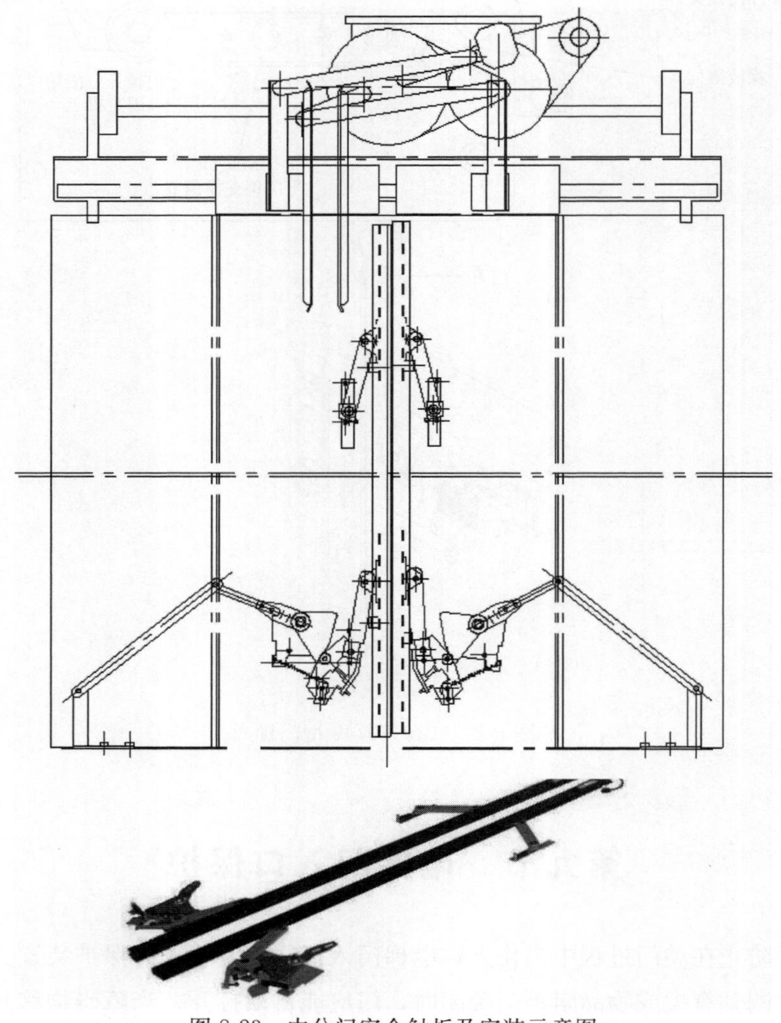

图 8-23　中分门安全触板及安装示意图

二、非接触式门入口保护装置

1. 光电式保护装置(光幕)

一般在轿门边上设置两条光电装置，每条装置中设置多对对射光电开关，通光多过形成的多条光束对开门过程中的障碍物进行检测。在关门过程中，障碍物遮挡住任一道光束，光电开关都会动作，门就会重新开启。为了提高对障碍物检测的灵敏度，在使用光幕作为保护装置时，一般光电开关的对数在 17～48 对之间，这样可以形成 33～234 对的光束(如图 8-24 所示)。

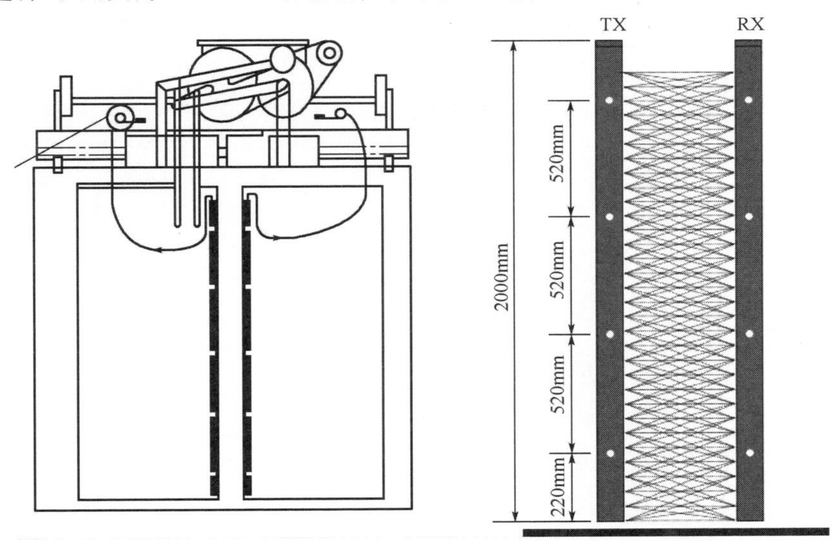

图 8-24　光幕安装及对射光束示意

2. 超声波监控装置

如图 8-25 所示，超声波入口保护装置一般安装于电梯层门或轿门门头上方，在关门过程中，如果有乘客进入检测区域，则电梯门重新打开，在乘客离开该区域后门再关闭。

当然，也可以将以上门保护装置组合使用来提高安全性，比如带光幕的二合一安全触板等。

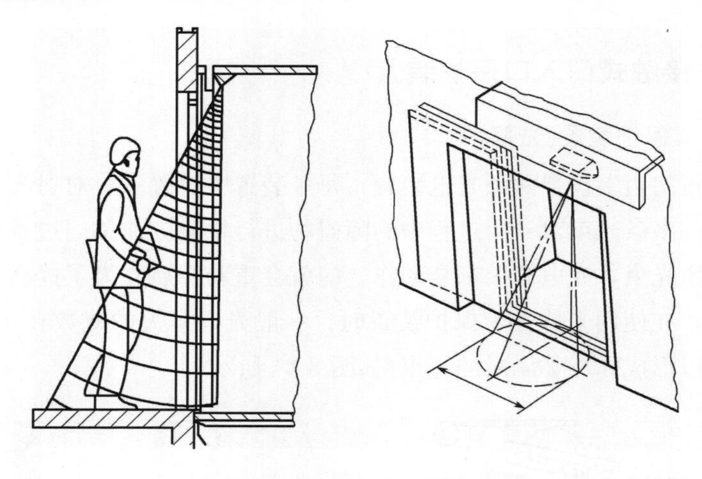

图 8-25 超声波门入口保护装置

思考题

1. 电梯有哪些安全保护措施?
2. 限速器有哪几种类型?
3. 限速器与安全钳的动作过程是怎样的?
4. 请简述限速器在轿厢上下行时的动作过程。
5. 请简述安全钳的结构类型，安全钳联动机构的作用是什么?
6. 安全钳制动力是怎么控制的?安全钳的制动要考虑哪些因素?
7. 上行超速保护装置有哪几种?防止轿厢意外移动保护装置有哪几种?
8. 对防止轿厢意外移动保护装置的制动效果的要求是什么?
9. 缓冲器有哪几种类型?分别如何应用?
10. 层门锁锁钩应该满足什么尺寸要求?
11. 在检修或维修时，如何安全使用层门锁回路短接?
12. 电梯门入口保护装置有哪几种形式?

第九章　曳引电梯的系统计算

电梯设计时，必须经过严格的系统计算，才能使电梯在其生命周期内满足各种运行条件，通过计算的电梯，在安全方面才能够有足够的保障。本章主要讲述电梯系统计算的四个方面，对于导轨、轿厢、轿架、轿壁、门板等力学强度计算不做说明。

第一节　曳引力计算

曳引力是曳引电梯运行要保证的首要条件，曳引力太小或太大都不能够满足要求。曳引力太小，则电梯在运行过程中曳引轮与钢丝绳之间打滑，或者电梯停止时，会向对重或轿厢重量轻的一侧溜车，造成安全事故。曳引力太大，则当对重压缓冲器时，如果曳引机没有停止运转，则可以提升轿厢，造成冲顶事故。

根据 GB7588－2003 9.3 要求，钢丝绳曳引电梯应满足以下三个条件：

1)轿厢装载至 125％额定载荷的情况下，应保持平层状态不打滑；

2)必须保证在任何紧急制动情况下，不管轿厢内是空载还是满载，其减速度的值不能超过缓冲器(包括减行程缓冲器)作用时的减速度值；

3)当对重压在缓冲器上而曳引机按电梯上行方向旋转时，应不可能提升空载轿厢。

为了满足上面的条件，须按以下公式进行计算：

$T_1/T_2 \leqslant e^{fa}$ 用于轿厢装载和紧急制动工况；

$T_1/T_2 \geqslant e^{fa}$ 用于轿厢滞留工况(对重压在缓冲器上，曳引机向上方向旋转)。

式中　f——当量摩擦因数

a——钢丝绳在绳轮上的包角

T_1、T_2——曳引轮两侧曳引绳中的拉力

一、T_1/T_2 的计算

1)轿厢装载工况，T_1/T_2 的静态比值应按照轿厢装有 125%额定载荷并考虑轿厢在井道的不同位置时的最不利情况进行计算。

2)紧急制动工况，T_1/T_2 的动态比值应按照轿厢空载或装有额定载荷时在井道的不同位置的最不利情况进行计算。并且任何情况下，减速度不应小于下面数值：

①对于正常情况，为 0.5m/s^2；②对于使用了减行程缓冲器的情况，为 0.8m/s^2。③轿厢滞留工况，T_1/T_2 的静态比值应按照轿厢空载或装有额定载荷并考虑轿厢在井道的不同位置时的最不利情况进行计算。

二、当量摩擦因数(f)计算

1. 对于半圆槽和带切口的半圆槽(图 9-1)

使用下面公式：

$$f=\mu \cdot \frac{4\left(\cos \frac{\gamma}{2}-\sin \frac{\beta}{2}\right)}{\pi-\beta-\gamma-\sin\beta+\sin\gamma}$$

式中 β——下部切口角度

γ——槽的角度

μ——摩擦因数

β 的数值最大不应超过 106°(1.83 弧度)，相当于槽下部 80%被切除。

γ 的数值由制造者根据槽的设计提供。任何情况下，其值不应小于 25°(0.436 弧度)。

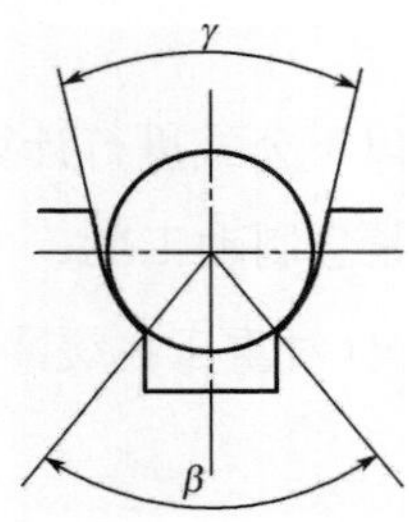

图 9-1 带切口的半圆槽

β—下部切口角 γ—槽的角度

2. 对于V形槽

当槽没有进行附加的硬化处理时，为了限制由于磨损而导致曳引条件的恶化，必须带下部切口(图9-2)。同时β的数值最大不应超过106°(1.83弧度)，相当于槽下部80%被切除；任何情况下γ的数值不应小于35°(0.61弧度)。

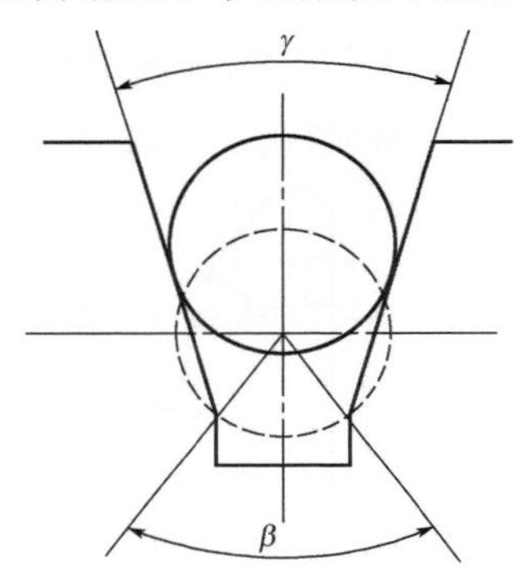

图9-2　带切口的V形槽

β—下部切口角　γ—槽的角度

其当量摩擦因数使用下面公式计算：

1)轿厢装载工况和紧急制停工况：

$$f=\mu\cdot\frac{4\left(1-\sin\frac{\beta}{2}\right)}{\pi-\beta-\sin\beta}\text{(对于没有附加硬化处理的槽)}$$

$$f=\mu\cdot\frac{1}{\sin\frac{\gamma}{2}}\text{(对于经硬化处理的槽)}$$

2)轿厢滞留工况，对于经硬化和未经硬化的槽：

$$f=\mu\cdot\frac{1}{\sin\frac{\gamma}{2}}$$

三、摩擦因数(μ)

在三种不同的工况下，摩擦因数取值分别为：

——装载工况：$\mu=0.1$；

——滞留工况：$\mu=0.2$；

——紧急制停工况：$\mu=\frac{0.1}{1+\frac{v}{10}}$（式中 v 为轿厢额定速度下对应的绳速）

四、举例说明

以 1000kg，1.75m/s，2∶1 曳引比的乘客电梯为例，进行曳引力计算，此曳引系统示意图如图 9-3 所示（忽略绳轮转动惯量对曳引力的影响）。

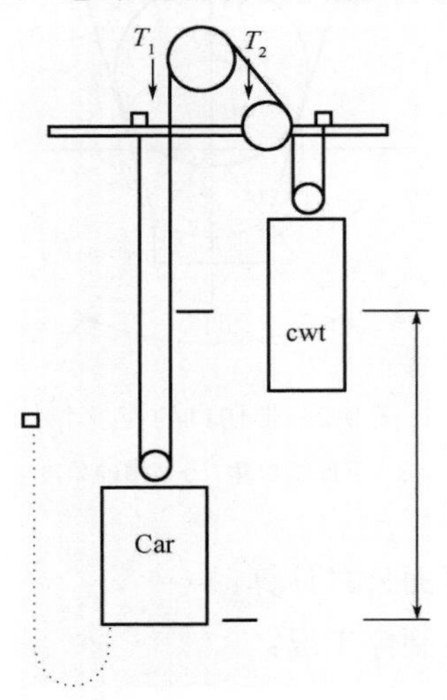

图 9-3　曳引系统示意图

1. 基本信息

Q	额定载重量	1000kg
v_e	额定速度	1.75m/s
H	提升高度	50m
i	曳引比	2
n	曳引绳根数	5
K	平衡系数	0.45
P	轿厢自重	1150kg
G	对重重量	1600kg

续表

ρ_R	钢丝绳单位重量	0.34kg/m
ρ_c	补偿链单位重量	1.12kg/m
n_c	补偿链根数	2
ρ_t	随行电缆单位重量	0.8kg/m
β	下部切口角度	96°=1.674rad
γ	槽的角度	25°=0.436rad
α	钢丝绳在曳引轮上的包角	160°=2.791rad
a	制动减速度	$0.5m/s^2$

2. 当量摩擦因数计算

根据标准，在三种工况下，摩擦因数 μ 的值分别为：

装载工况：$\mu=0.1$；

滞留工况：$\mu=0.2$；

紧急制停工况：$\mu=\frac{0.1}{1+\frac{v}{10}}=\frac{0.1}{1+\frac{1.75i}{10}}=\frac{0.1}{1+\frac{1.75\times 2}{10}}=0.074$

由此，三种工况下，当量摩擦因数分别为：

1)装载工况：

$$\mathrm{f}=\mu\cdot\frac{4\left(\cos\frac{\gamma}{2}-\sin\frac{\beta}{2}\right)}{\pi+\beta+\gamma-\sin\beta+\sin\gamma}$$

$$=0.1\times\frac{4\left(\cos\frac{25^\circ}{2}-\sin\frac{96^\circ}{2}\right)}{\pi-1.674-0.436-\sin96^\circ+\cos25^\circ}$$

$$=0.1\times 2.03=0.203$$

2)紧急制停工况：

$$f=0.074\times 2.03=0.15$$

3)滞留工况：

$$f=0.2\times 2.03=0.407$$

3. 轿厢装载工况验算

根据GB7588—2003的要求，按照载有125%额定载荷的轿厢在底层平层位置时最不利情况进行计算，此时应满足：

$$T_1/T_2 \leqslant e^{f\alpha}$$

式中 T_1/T_2——曳引轮两边曳引绳的较大静拉力与较小静拉力的比值

e——自然对数的底，e=2.718

α——曳引绳在曳引轮上的包角，$\alpha=160°=2.791\text{rad}$。

此时，轿厢侧钢丝绳重量为 $W_1=H\cdot n\cdot \rho_R=50\times5\times0.34=85(\text{kg})$

对重侧补偿链重量为 $W_3=H\cdot n_c\cdot \rho_c=50\times2\times1.12=112(\text{kg})$

将相关参数代入可得：

$T_1=(P+1.25Q+W_1)g/i=(1150+1.25\times1000+85)\times9.8/2=12176.5(\text{N})$

$T_2=(G+W_3)g/i=(1600+112)\times9.8/2=8388.8\text{N}$

$T_1/T_2=12593/8388.8=1.451$

$e^{f\alpha}=e^{0.203\times2.971}=1.8278$；

因为 $T_1/T_2=1.451\leqslant e^{f\alpha}=1.8278$，所以满足曳引条件。

4. 紧急制动工况验算

根据GB7588—2003的要求，按照空载轿厢在顶层平层位置时最不利情况进行计算，此时应满足：$T_1/T_2=e^{f\alpha}$

此时，挂在轿厢侧的随行电缆重量

$$W_2=\rho_t H/2=0.8\times50/2=20(\text{kg})$$

将相关参数代入可得：

$$T_1=G(g+a)/i+W_1(g+ia)=1600(9.8+0.5)/2+85(9.8+2\times0.5)=9158(\text{N})$$

$$T_2=(P+W_2+W_3)(g-a_{max})/i=(1150+20+112)(9.8-0.5)/2=5961.3(\text{N})$$

$$T_1/T_2=9158/5961.3=1.536$$

$$e^{f\alpha}=e^{0.15\times2.971}=1.56$$

因为 $T_1/T_2=1.536\leqslant e^{f\alpha}=1.56$，所以满足曳引条件。

5. 轿厢滞留工况验算

根据GB7588—2003的要求，按照空载轿厢在顶层位置、对重压实在对重缓

冲器上时最不利情况进行计算，此时应满足：$T_1/T_2 \geqslant e^{f\alpha}$

将相关参数代入可得：

$$T_1=(P+W_2+W_3)g/i=(1150+20+112)\times 9.8/2=6281.8(\text{N})$$

$$T_2=W_1 g=85\times 9.8=833\text{N}$$

$$T_1/T_2=6281.8/833=7.54$$

$$e^{f\alpha}=e^{0.407\times 2.791}=3.114$$

因为 $T_1/T_2=7.54 \geqslant e^{f\alpha}=3.114$，所以满足曳引条件。

本节所举的计算实例，没有考虑绳轮转动惯量对曳引轮两边钢丝绳张力的影响，如果绳轮转动惯量较大，则在计算时应该将转动惯量转换为质量，计算受其影响的 T_1、T_2。

第二节　安全部件选型

针对不同的载重和速度的电梯，其所选用的安全部件也不同。下面分别介绍对于限速器、安全钳、缓冲器、上行超速保护装置的选型方法。

一、限速器选型

每一个限速器均标明有适用的电梯的额定速度，可以直接按照电梯额定速度选择即可。选择时要注意限速器是否适用于与其组合使用的安全钳、上行超速保护装置、对重安全钳等。当然，在选择限速器时，还应注意限速器整定的动作速度是否在 GB7588－2003 规定的范围内。GB7588－2003 对于限速器的动作速度有以下要求：

“9.9.1 操纵轿厢安全钳的限速器的动作应发生在速度至少等于额定速度的 115%。但应小于下列各值：

a)对于除了不可脱落滚柱式以外的瞬时式安全钳为 0.8m/s；

b)对于不可脱落滚柱式瞬时式安全钳为 1m/s；

c)对于额定速度小于或等于 1m/s 的渐进式安全钳为 1.5m/s；

d)对于额定速度大于 1m/s 的渐进式安全钳为 $1.25v+\frac{0.25}{v}$m/s。

注：对于额定速度大于1m/s的电梯，建议选用接近d)规定的动作速度值。

9.9.2 对于额定载重量大，额定速度低的电梯，应专门为此设计限速器。

注：建议尽可能选用接近9.9.1所示下限值的动作速度。

9.9.3 对重(或平衡重)安全钳的限速器动作速度应大于9.9.1规定的轿厢安全钳的限速器动作速度，但不得超过10%。”

二、安全钳选型

首先，速度不大于0.63m/s的电梯，可以使用瞬时安全钳，其余应该采用渐近式安全钳。当轿厢采用多套安全钳时，均应采用渐近式安全钳。

其次，电梯额定速度不应大于安全钳标称的最大适用速度。

最后，安全钳的选用，应该严格按照其动作需要的系统重量来选择，即电梯轿厢或对重侧系统重量应该在安全钳设计的最小系统重量和最大系统重量之间。同时为了保证安全钳减速度不大于1.0g，对于选定的渐近式安全钳，其影响减速度的弹簧力应该严格按照实际需要的系统重量来设定或调整。

以上节曳引力计算的电梯为例，轿厢侧系统重量为

$$P+Q+W_2+W_3=1150+1000+20+112=2282(\mathrm{kg})$$

选择安全钳时即应该选择设计(型式试验标定)系统重量范围包含2282kg的安全钳。

三、缓冲器选型

缓冲器应该选用速度、减速度、行程均符合要求的规格型号。系统重量应该在其设计的系统重量的范围内。还以上节曳引力计算为例：

轿厢侧缓冲器需要承受的系统重量为

$$P+Q=1150+1000=2150(\mathrm{kg})$$

对重侧缓冲器需要承受的系统重量为

$$G=P+QK=1600(\mathrm{kg})$$

所选缓冲器的系统重量范围能覆盖上面需要的重量即可。

对于高速电梯，采用减行程缓冲器时，缓冲器压缩行程也是一个很重要的指标，缓冲器行程应该满足GB7588—2003的要求：

“10.4.3.1 缓冲器可能的总行程应至少等于相应于115%额定速度的重力制

停距离，即 0.0674v^2(m)。

10.4.3.2 当按 12.8 的要求对电梯在其行程末端的减速进行监控时，对于按照 10.4.3.1 规定计算的缓冲器行程，可采用轿厢(或对重)与缓冲器刚接触时的速度取代额定速度。但行程不得小于：

a)当额定速度小于或等于 4m/s 时，按 10.4.3.1 计算行程的 50%。但在任何情况下，行程不应小于 0.42m。

b)当额定速度大于 4m/s 时，按 10.4.3.1 计算的行程 1/3。但在任何情况下，行程不应小于 0.54m。”

以速度为 7m/s 电梯采用减行程缓冲器为例，其需要的缓冲行程为：

$$\frac{1}{3}\times 0.067v^2 = 1.095(\mathrm{m})$$

可以根据计算出来的缓冲行程选择合适的缓冲器。

四、上行超速保护装置选型

上行超速保护装置的选择，除了速度要合适，同时还要保证系统重量在其工作允许的范围内。同时，上行超速制停空载轿厢时，其减速度不得大于 1g。

以上节举例计算的电梯为例，上行超速保护装置需要承受的系统重量为：

$$P+Q+G+W_1+W_2+W_3=1150+1000+1600+85+112+20=3967(\mathrm{kg})$$

空载轿厢时装置需要承受的重量为：

$$P+G+W_1+W_2+W_3=2967(\mathrm{kg})$$

所选择的上行超速保护装置的允许系统重量范围需包含上面计算重量，一般选择的上行超速保护装置的最大允许系统重量要接近上面计算的最大值。

第三节　顶层高底坑深计算

保证一定的顶层高度和底坑深度是为了保护安装维保人员的生命安全，本节所讲的顶层高度及底坑深度的计算，参考了 GB7588－2003 第 5.7 节的要求；另外，在本书第十一章电梯与建筑物的关系中，将最新的标准 EN81－20 对顶层高度及底坑深度进行了介绍。

一、顶层高度

下面引用GB7588—2003：

“5.7.1 曳引驱动电梯的顶部间距

曳引驱动电梯的顶部间距应满足下列要求：

5.7.1.1 当对重完全压在它的缓冲器上时，应同时满足下面四个条件：

a)轿厢导轨长度应能提供不小于 $0.1+0.035v^2$(m)的进一步的制导行程；

b)符合8.13.2尺寸要求的轿顶最高面积的水平面(不包括5.7.1.1c)所述的部件面积)，与位于轿厢投影部分井道顶最低部件的水平面(包括梁和固定在井道顶下的零部件)之间的自由垂直距离不应小于 $1.0+0.035v^2$(m)；

c)井道顶的最低部件与：

1)固定在轿厢顶上的设备的最高部件之间的自由垂直距离(不包括下面2)所述及的部件)，不应小于 $0.3+0.035v^2$(m)。

2)导靴或滚轮、曳引绳附件和垂直滑动门的横梁或部件的最高部分之间的自由垂直距离不应小于 $0.1+0.035v^2$(m)。

d)轿厢上方应有足够的空间，该空间的大小以能容纳一个不小于0.50m×0.60m×0.80m的长方体为准，任一平面朝下放置即可。对于用曳引绳直接系住的电梯，只要每根曳引绳中心线距长方体的一个垂直面(至少一个)的距离均不大于0.15m，则悬挂曳引绳和它的附件可以包括在这个空间内。

5.7.1.2 当轿厢完全压在它的缓冲器上时，对重导轨长度应能提供不小于 $0.1+0.035v^2$(m)的进一步的制导行程。

5.7.1.3 当电梯驱动主机的减速是按照12.8的规定被监控时，5.7.1.1和5.7.1.2中用于计算行程的 $0.035v^2$ 的值可按下述情况减少：

a)电梯额定速度小于或等于4m/s时，可减少到1/2，且不应小于0.25m；

b)电梯额定速度大于4m/s时，可减少到1/3，且不应小于0.28m。

5.7.1.4 对具有补偿绳并带补偿绳张紧轮及防跳装置(制动或锁闭装置)的电梯，计算间距时，$0.035v^2$ 这个值可用张紧轮可能的移动量(随使用的绕法而定)再加上轿厢行程的1/500来代替。考虑到钢丝绳的弹性，替代的最小值为0.20m。”

由以上的标准条文可以总结出以下结论：

1）当对重完全压缩缓冲器后

①轿厢上导靴上方要求的安全距离为 $0.1+0.035v^2$（m）；

②轿厢上方上梁、返绳轮、轮罩、护栏等需要的安全距离为 $0.3+0.035v^2$（m）；

③同时应该满足轿顶长方体放置时朝上方向的高度。

2）当轿厢完全压缩缓冲器后，对重上方需要的安全距离为 $0.1+0.035v^2$（m）；

因此，对于轿厢侧，顶层高度计算，除了以上部件到轿厢地坎面的实际高度 X 外，还要计算对重压缩缓冲器所消耗的空间距离。如图 9-4 所示，缓冲器压缩所消耗的空间即为缓冲器安全距离与缓冲器压缩行程之和。

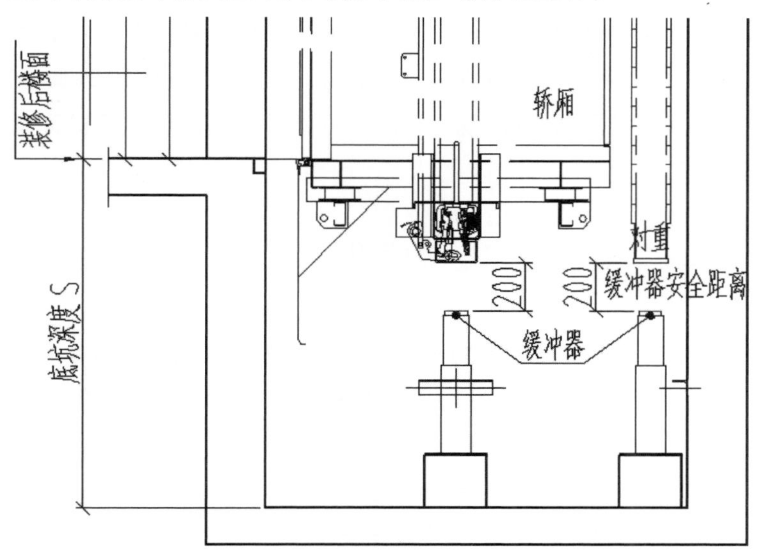

图 9-4　缓冲器空间示意图

对于对重侧，顶层高度计算还需要考虑对重缓冲器实际安装后高度。对重侧需要的顶层高度公式为：

K_{cwt}＝对重缓冲器安装后高度＋对重侧缓冲器安全距离＋轿厢侧缓冲器安全距离＋轿厢侧缓冲器压缩行程＋对重架总高度 $+0.1+0.035v^2-$底坑深度

二、底坑深度

底坑深度应该满足 GB7588－2003 第 5.7.3.3 的要求：

“5.7.3.3 当轿厢完全压在缓冲器上时，应同时满足下面三个条件：

a)底坑中应有足够的空间，该空间的大小以能容纳一个不小于 0.50m×0.60m×l.0m 的长方体为准，任一平面朝下放置即可。

b)底坑底和轿厢最低部件之间的自由垂直距离不小于 0.50m，下述之间的水平距离在 0.15m 之内时，这个距离可最小减少到 0.10m。

1)垂直滑动门的部件、护脚板和相邻的井道壁；

2)轿厢最低部件和导轨；

c)底坑中固定的最高部件，如补偿绳张紧装置位于最上位置时，其和轿厢的最低部件之间的自由垂直距离不应小于 0.30m，上述 b)1)和 b)2)除外。”

由以上条文可以得出底坑深度为轿厢下方部件到轿厢地坎面的高度与以上条文要求距离之和。

思考题

1. 影响电梯曳引力的因素有哪些？是这些因素跟曳引力的关系是怎么样的？

2. 限速器、安全钳、缓冲器、上行超速保护装置、防止门区意外移动保护装置分别应该如何选型？

3. 顶层高度计算时，要考虑到哪些距离？

4. 底坑深度计算时，要考虑到哪些距离？

第十章　电梯与建筑物的关系

电梯是服务于建筑物内若干特定的楼层，其轿厢沿着至少两列垂直于水平面或与铅垂线倾斜角小于15°的刚性导轨运动的永久运输设备。即电梯应该有其专有的运行和安装空间，而这些空间都与建筑物有着密切的关系。电梯和建筑物之间的联系主要涉及电梯的机房、井道、层门入口、导轨的固定方式等，简单地讲就是电梯土建。

为了保证电梯安装顺利及使用可靠，电梯制造厂应根据用户所订电梯的类型、规格，把电梯对用户土建的要求提供给建筑设计及施工单位。当然建筑设计结构工程师也应该提供影响电梯设计的相关信息给电梯设计人员，比如高层建筑的摆动频率和幅值，电梯设计工程师应该评估其影响且决定是否采取对应的措施来减小其对电梯的影响。因此，电梯土建设计应该是由电梯制造厂家与建筑设计部门共同完成的。当然，国内的实际情况是，很多时候，建筑设计按照一些国际品牌厂家的土建要求设计施工，而建筑商采购时会选用其他品牌的电梯，这就需要电梯生产厂家根据用户的实际土建进行电梯设计制造。

第一节　电 梯 井 道

电梯运行在井道内，应该由井道壁、底板和井道顶板或有足够的空间与周围分开，对于全封闭的井道，井道应该由无孔的墙、底板和顶板封闭起来；仅允许有层门、安全门、检修门开孔，以及排气孔、通风孔、顶板上必要的功能性开孔等。而对于部分封闭井道，只需要提供围壁防止人员受电梯伤害或影响电梯运行，具体要求可参见GB7588—2003第5.2.1.2节。

一、井道尺寸

根据所选定的电梯额定载重和额定速度，确定出轿厢内净尺寸，然后根据轿厢和对重之间的间隙，对重大小，安全钳安装要求以及导轨及其支架尺寸，得出最终的最小井道宽和深。常见的曳引电梯有对重侧置和对重后置两种(如图 10-1 所示)，对重位置影响井道尺寸的选择。GB7025《电梯主参数及轿厢、井道、机房的形式与尺寸》中给出了标准规格参数的电梯所对应的井道尺寸。当然，为了提高建筑利用率，电梯井道尺寸应在保证电梯安全运行的前提下，设计的尽可能小些。这就要求各电梯部件之间的间隙尽量小。但同时必须保证：①相对运动部件之间的间隙不小于 50mm，②轿厢地坎距离层门地坎不小于 30mm，不大于 35mm。轿门地坎前沿距离井道前壁距离不大于 150mm。

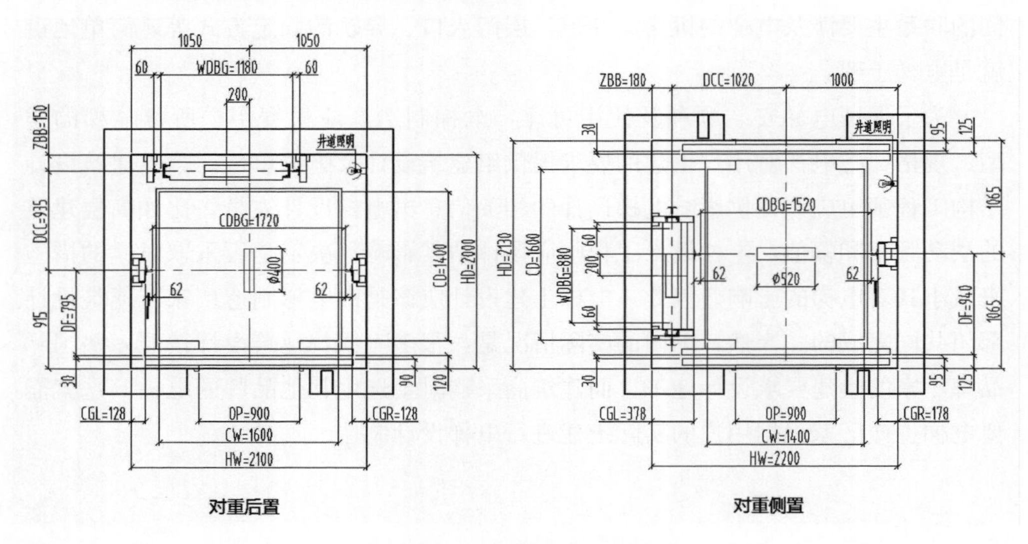

图 10-1　小机房土建平面图

表 10-1 为某公司小机房客梯井道尺寸，供参考。

表 10-1　　某公司小机房客梯井道尺寸

额定载重	额定速度	轿厢净尺寸	开门净尺寸	标准井道净尺寸	标准底坑净深	标准顶层净高
kg	m/s	$C_W \times C_D$	$O_P \times O_{PH}$	$H_W \times H_D$	S/mm	K/mm
450	0.63	1100×1100	700×2100	1600×1700	1350	3950
	1				1350	3950
	1.5				1400	4000

续表

额定载重	额定速度	轿厢净尺寸	开门净尺寸	标准井道净尺寸	标准底坑净深	标准顶层净高
630	0.63	1400×1100	800×2100	1850×1700	1350	3950
	1				1350	3950
	1.5				1400	4000
800	1	1400×1350	800×2100	1850×1950	1350	3950
	1.5				1400	4000
	1.75				1450	4100
	2				1500	4300
1000	1	1600×1400	900×2100	2050×2000	1350	3950
	1.5				1400	4000
	1.75				1450	4100
	2				1500	4300
	2.5				1650	4800
1050	1	1600×1500	900×2100	2100×2100	1350	3950
	1.5				1400	4000
	1.75				1450	4100

如果一个井道内安装多部电梯，则需要在不同电梯的运动部件之间设置隔障，这种隔障应至少从轿厢、对重(或平衡重)行程的最低点延伸到最低层站楼面以上2.50m高度，宽度应能防止人员从一个底坑通往另一个底坑。如果轿厢顶部边缘和相邻电梯的运动部件[轿厢、对重(或平衡重)]之间的水平距离小于500mm，这种隔障应该贯穿整个井道，其宽度应至少等于该运动部件或运动部件的需要保护部分的宽度每边各加100mm。

电梯井道为电梯专用，不得装设与电梯无关的设备(如管道、电缆等)。井道壁应是垂直的，并且原则上不得有突出的梁、柱等，井道壁耐压不小于24MPa。井道平面尺寸是指用铅垂线测得的最小尺寸，允许偏差应控制在标准要求的范围内：

高度≤30m的井道，允许偏差为0～25mm；

高度≤50m 的井道，允许偏差为 0～35mm；

高度＞50m 的井道，允许偏差为 0～50mm。

二、顶层空间

顶层空间指的是轿厢位于最高位置(对重完全压在缓冲器上)时，轿厢顶部部件与井道顶部最低部件(包含安装在顶部的梁及部件)之间的距离。按最新标准 EN81－20 规定的顶层空间如图 10-2 所示。

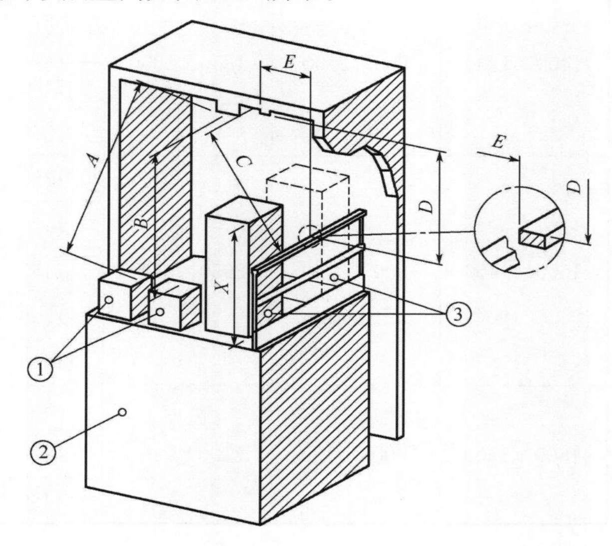

图 10-2　顶部空间示意图

A：距离≥0.50＋0.035v^2　B：距离≥0.50＋0.035v^2　C：距离≥0.50＋0.035v^2

D：距离≥0.30＋0.035v^2(0.40m 内)　E：距离≤0.40m　X：避险空间的高度

1—安装在轿顶的最高部件　2—轿厢　3—避险空间

井道顶部最低部件与下面部件之间的净距离应满足以下要求：

1)除了下面 2)、3)的情况，在轿厢投影面内，与固定在轿厢顶上设备最高部件之间的垂直或倾斜的距离，至少应为 0.50m；

2)在轿厢投影面内，导靴或滚轮、曳引绳附件和垂直滑动门的横梁或部件(如果有)的最高部分在水平距离 0.40m 范围内的垂直距离不应小于 0.1m。

3)护栏最高部分应：①在轿厢投影面内且水平距离 0.40m 内和护栏外 0.10m 时至少为 0.30m；②在轿厢投影面内且超过 0.40m 的任何倾斜方向距离

至少为 0.50m。

在轿顶或轿顶设备上的任何单一连续区域，有效面积为 0.12m^2 且其中一边的最小尺寸为 0.25m，认为是一个人的可站立区域。当轿厢位于最高点时，任一该面积上方与井道顶的最低部件(包括梁和安装在井道顶以下的部件)之间的垂直距离应至少达到表 10-2 给出的避险空间的高度。

表 10-2　　顶部避险空间尺寸

类型	姿势	避险空间水平尺寸/m×m	避险空间高度/m
1	站立	0.4×0.5	2.0
2	蜷缩	0.5×0.7	1.0

当轿厢位于最高点时，EN81－20 与 GB7588－2003 的区别参考表 10-3。

表 10-3　　EN81-20 与 GB7588-2003 对顶层空间的要求

序号	图 10-2 中尺寸	EN81-20 要求	GB7588-2003 要求
1	A	$(0.50+0.035)v^2$	$(0.30+0.035)v^2$
2	B	$(0.50+0.035)v^2$	$(0.30+0.035)v^2$
3	C	$(0.50+0.035)v^2$	$(0.30+0.035)v^2$
4	D	$(0.30+0.035)v^2$(0.40m 内)	$(0.30+0.035)v^2$
5	E	0.40	无水平距离要求
6	X	站立 2.0 蜷缩 1.0	0.50m×0.60m×0.80m 长方体任一面朝下放置

最新版的电梯制造与安装安全标准有可能会参照 EN81－20 对顶层空间的要求。

三、底坑及底坑空间

井道下部应设置底坑，除缓冲器座、导轨座以及排水装置外，底坑的底部应光滑平整，底坑不得作为积水坑使用。在导轨、缓冲器、栅栏等安装竣工后，底坑不得漏水或渗水。底坑设计应该考虑底坑空间及底坑承载的要求。

1. 底坑空间

底坑空间指的是当轿厢完全压在缓冲器上时，轿底下方应有的安全距离：

1)底坑中应有足够的净空间，该空间的大小参照表10-4：

表10-4　底坑空间的大小

EN81-20要求				GB7588-2003要求
类型	姿势	避险空间水平尺寸/m×m	避险空间高度/m	
1	站立	0.4×0.5	2.0	0.50m×0.60m×1.0m长方体任一面朝下放置
2	蜷缩	0.5×0.7	1.0	
3	躺下	0.7×1.0	0.5	

2)底坑底和轿厢最低部件之间的自由垂直距离不小于0.50m，下述之间的水平距离在0.15m之内时，这个距离可最小减少到0.10m：

①垂直滑动门的部件、护脚板和相邻的井道壁；

②轿厢最低部件和导轨。

③底坑中固定的最高部件，如补偿绳张紧装置位于最上位置时，其和轿厢的最低部件之间的自由垂直距离不应小于0.30m，上述2)①和2)②除外。

2. 底坑承载

底坑底面的强度应能满足以下要求

1)底坑的底面应能支撑每根导轨的作用力(悬空导轨除外)：由导轨自重再加安全钳动作瞬间的反作用力(N)，

对于轿厢侧导轨作用力为：$F_k=K_1g_n(P+Q)/n$

对于带安全钳的对重侧导轨作用力为：$F_c=K_1g_n(P+qQ)/n$

式中　K_1——根据表11-5确定的冲击系数

n——安全钳作用的导轨的数量

q——平衡系数

P——空轿厢和由轿厢支承的零部件的质量，如部分随行电缆、补偿绳或链(若有)等的质量和，kg

Q——额定载重量，kg

g_n——标准重力加速度，9.81m/s^2

表 10-5　　冲击系数 K_1

冲击工况	冲击系数	数值
带非不可脱落滚子的瞬时式安全钳或夹紧装置的动作	K_1	5
带不可脱落滚子的瞬时式安全钳或夹紧装置的动作		3
渐近式安全钳或渐近式夹紧装置的动作		2

2)轿厢缓冲器支座下的底坑地面应能承受满载轿厢静载 4 倍的作用力；

$$4g_n(P+Q)$$

3)对重缓冲器支座下(或平衡重运行区域)的底坑的底面应能承受对重静载 4 倍的作用力。

$$4g_n(P+qQ)$$

电梯井道最好不设置在人们能到达的空间上面。如果轿厢或对重底下有人们能够进入的空间，底坑的底面至少按 5000Pa 载荷设计。并且对策应设置安全钳装置，防止出现对重高速冲击缓冲器的情况。对重无安全钳时，对重缓冲器必须安装在一直延伸到坚固地面上的实心桩墩上。

四、井道开口

对于封闭式井道，除了以下开口外，应该是封闭的。

1)层门开口　有的电梯在同一层站开有两个以上的门口，方便货物的装卸或用户的使用。对于电梯经过的非服务楼层，不设层门口。如果相邻两个停靠层门地坎间距离超过 11m 时，其间应设井道安全门。这是为了考虑电梯故障时营救需要。

2)通往井道的检修门、井道安全门以及检修活板门的开口；

3)火灾情况下，气体和烟雾的排气孔；

4)通风孔　为使井道得到适度通风，井道通风面积应不小于井道水平截面积的 1%，在符合通风要求的情况下，通风孔往往被井道顶部的永久性功能口所代替。对于高速电梯，还需要解决井道的排气和增压的问题。特别对于混凝土浇筑而成的井道后墙和侧墙的井道，为了排气，需要考虑在井道的顶部和底部设有排气口。增压排气口所需尺寸随井道截面积和电梯层门口的数量不同而变化。具体在设计通风时确定。

5)井道与机房或与滑轮间之间必要的功能性开口，如钢丝绳孔、电缆孔等。

第二节　机　　房

电梯驱动主机及其附属设备和滑轮应设置在一个专用的房间内，该房间应有实体的墙壁、房顶、门，这个房间称之为机房或滑轮间。机房不应用于电梯以外的其他用途，也不应设置非电梯用的线槽、电缆或装置，但可以设置杂物电梯或自动扶梯的驱动主机、该房间的空调或采暖设备、火灾探测器或灭火器。

机房可以位于井道上部，也可以位于井道下方，但由于位于井道下方的电梯结构复杂，建筑物承重大，对于井道尺寸要求大，一般不使用下置的方案。

一、机房大小

机房应有足够的尺寸，以允许人员安全和容易地对有关设备进行作业，尤其是对电气设备的作业。特别是工作区域的净高不应小于2m，且：

1)在控制屏和控制柜前有一块净空面积(控制柜检修空间)，该面积为：

①深度，从屏、柜的外表面测量时不小于0.70m；

②宽度，为0.50m或屏、柜的全宽，取两者中的大者。

2)为了对运动部件进行维修和检查，在必要的地点以及需要人工紧急操作的地方(见10-3)，要有一块不小于0.50m×0.60m的水平净空面积。

现在流行的小机房电梯，以满足以上条件的情况下，机房尺寸与井道尺寸相同，这相对大机房节约了部分建筑面积，降低了建筑成本。

机房内供活动和工作的净高度在任何情况下不应小于1.8m，且通往控制柜检修空间的通道宽度不应小于0.50m，除非该通道没有运动部件时，可以缩小为0.40m。

为了方便检修曳引机，曳引机旋转部件的上方应有不小于0.30m的垂直净空距离。

机房如果有超过0.5m的高台，应该设置楼梯或台阶，并用安装护栏。

二、机房通风

机房应有适当的通风，同时必须考虑到井道通过机房通风。从建筑物其他处抽出的陈腐空气不得直接排入机房内。应保护诸如电机、设备以及电缆等，使它们尽可能不受灰尘、有害气体和湿气的损害。

为了保证电梯的正常运行，机房内的环境温度应保持在5～40℃之间。机房内的最大热源是曳引电动机与控制柜制动电阻。通过自然通风或空调装置使机房的温度适当，并且相对湿度不大于85%。

三、机房承重

机房结构应能承受预定的载荷和力，具体来讲，机房地板应能承受6000Pa以上的压力。承重梁的放置部位，应根据电梯总负荷计算得出。

为了设备搬运，在机房顶板或横梁的适当位置上应设置一个或多个金属支架吊钩，吊钩承重应是被提升设备重量的2倍以上。吊钩主要吊装曳引机、轿厢、对重、导轨等部件。对于额定载重量不大于1000kg的电梯，吊钩承重至少为2000kg；对于额定载重量不大于2000kg的电梯，吊钩承重至少为3000kg；对于额定载重量不大于5000kg的电梯，吊钩承重至少为4000kg。而对于超高层大楼用的电梯，则吊钩承重必须为10t以上。

第三节 电梯土建布置

电梯土建布置图是建筑设计、施工及电梯安装人员必需的技术资料。土建布置图包含井道平面图、井道纵剖面图、井道和机房的预留孔图、底坑载荷图、机房载荷图等。在图上还应标明电梯的基本规格参数、电源要求、注意事项等。

图10-3是1000kg，1m/s(1.5m/s)小机房客梯的土建布置图。

布置图中还定义了导轨支架安装间距，如果是圈梁井道，则圈梁需要按照土建图要求的距离布置。另外，在布置图中，客户可以将实际楼层高度、顶层高度、底坑深度填写到相应的表格栏中，方便电梯排产时使用该数据。

有些公司，为了强调土建的相关技术要求，在每一个项目土建图第一页，会附上一张土建技术要求的图纸，如图10-4所示。这样的土建图显得更加完善些。

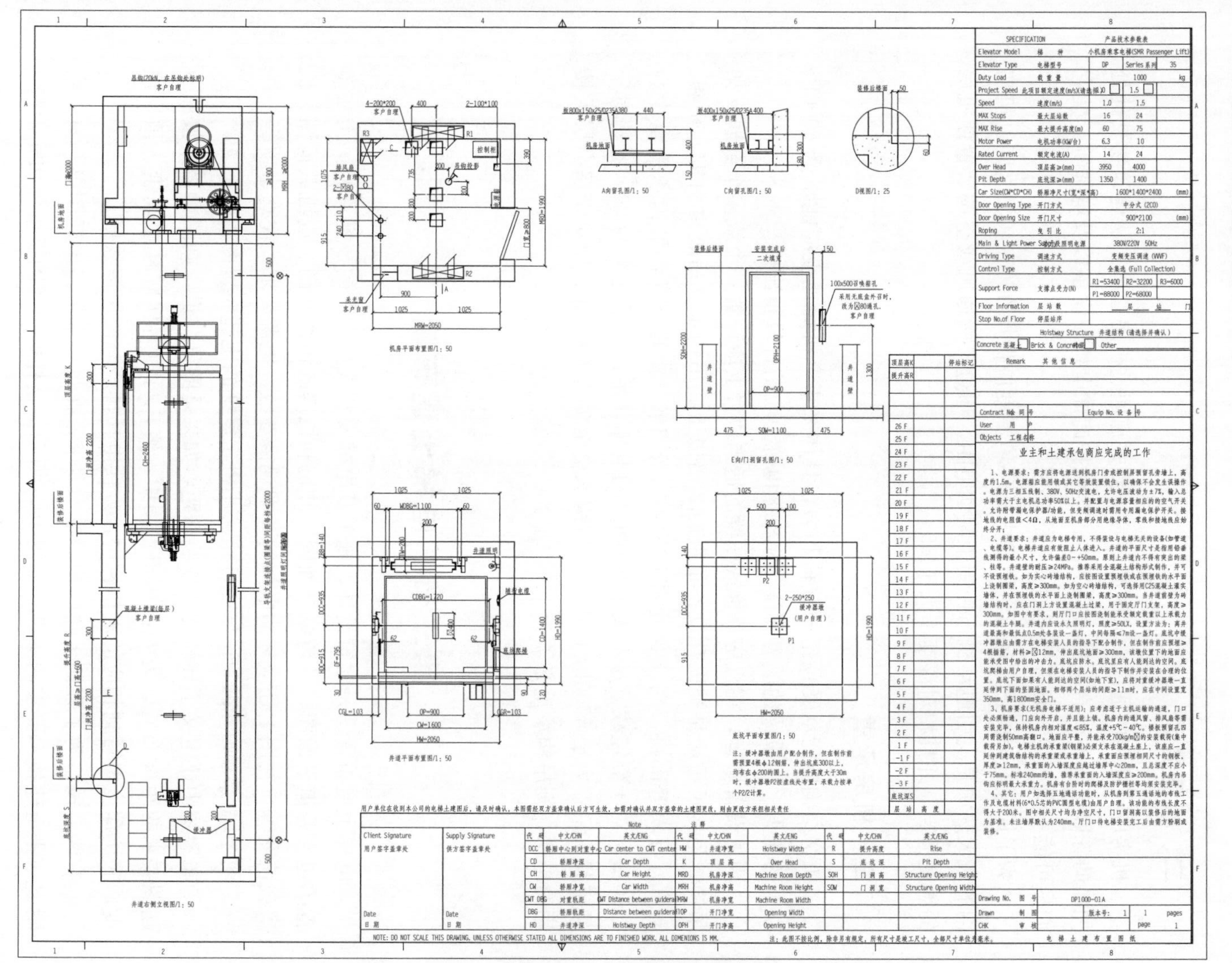

图10-3 1000kg小机房电梯土建布置图

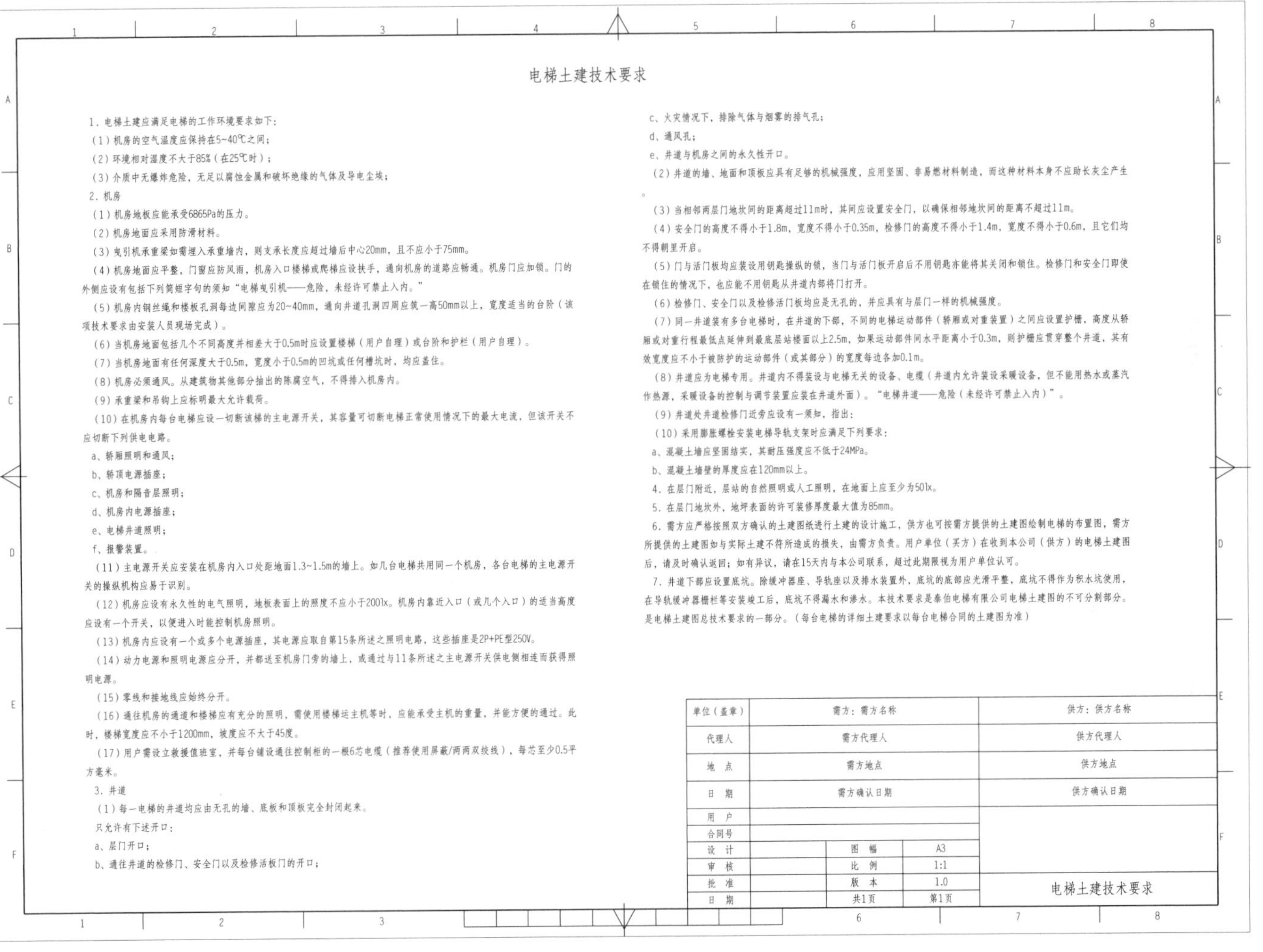

电梯土建技术要求

1. 电梯土建应满足电梯的工作环境要求如下：

（1）机房的空气温度应保持在5~40℃之间；

（2）环境相对湿度不大于85%（在25℃时）；

（3）介质中无爆炸危险，无足以腐蚀金属和破坏绝缘的气体及导电尘埃；

2. 机房

（1）机房地板应能承受6865Pa的压力。

（2）机房地面应采用防滑材料。

（3）曳引机承重梁如需埋入承重墙内，则支承长度应超过墙后中心20mm，且不应小于75mm。

（4）机房地面应平整，门窗应防风雨，机房入口楼梯或爬梯应设扶手，通向机房的道路应畅通。机房门应加锁。门的外侧应设有包括下列简短字句的须知“电梯曳引机——危险，未经许可禁止入内。”

（5）机房内钢丝绳和楼板孔洞每边间隙应为20~40mm，通向井道孔洞四周应筑一高50mm以上，宽度适当的台阶（该项技术要求由安装人员现场完成）。

（6）当机房地面包括几个不同高度并相差大于0.5m时应设置楼梯（用户自理）或台阶和护栏（用户自理）。

（7）当机房地面有任何深度大于0.5m，宽度小于0.5m的凹坑或任何槽坑时，均应盖住。

（8）机房必须通风。从建筑物其他部分抽出的陈腐空气，不得排入机房内。

（9）承重梁和吊钩上应标明最大允许载荷。

（10）在机房内每台电梯应设一切断该梯的主电源开关，其容量可切断电梯正常使用情况下的最大电流，但该开关不应切断下列供电电路。

a、轿厢照明和通风；

b、轿顶电源插座；

c、机房和隔音层照明；

d、机房内电源插座；

e、电梯井道照明；

f、报警装置。

（11）主电源开关应安装在机房内入口处距地面1.3~1.5m的墙上。如几台电梯共用同一个机房，各台电梯的主电源开关的操纵机构应易于识别。

（12）机房应设有永久性的电气照明，地板表面上的照度不应小于200lx。机房内靠近入口（或几个入口）的适当高度应设有一个开关，以便进入时能控制机房照明。

（13）机房内应设有一个或多个电源插座，其电源应取自第15条所述之照明电路，这些插座是2P+PE型250V。

（14）动力电源和照明电源应分开，并都送至机房门旁的墙上，或通过与11条所述之主电源开关供电侧相连而获得照明电源。

（15）零线和接地线应始终分开。

（16）通往机房的通道和楼梯应有充分的照明，需使用楼梯运主机等时，应能承受主机的重量，并能方便的通过。此时，楼梯宽度应不小于1200mm，坡度应不大于45度。

（17）用户需设立救援值班室，并每台铺设通往控制柜的一根6芯电缆（推荐使用屏蔽/两两双绞线），每芯至少0.5平方毫米。

3. 井道

（1）每一电梯的井道均应由无孔的墙、底板和顶板完全封闭起来。

只允许有下述开口：

a、层门开口；

b、通往井道的检修门、安全门以及检修活板门的开口；

c、火灾情况下，排除气体与烟雾的排气孔；

d、通风孔；

e、井道与机房之间的永久性开口。

（2）井道的墙、地面和顶板应具有足够的机械强度，应用坚固、非易燃材料制造，而这种材料本身不应助长灰尘产生。

（3）当相邻两层门地坎间的距离超过11m时，其间应设置安全门，以确保相邻地坎间的距离不超过11m。

（4）安全门的高度不得小于1.8m，宽度不得小于0.35m，检修门的高度不得小于1.4m，宽度不得小于0.6m，且它们均不得朝里开启。

（5）门与活门板均应装设用钥匙操纵的锁，当门与活门板开启后不用钥匙亦能将其关闭和锁住。检修门和安全门即使在锁住的情况下，也应能不用钥匙从井道内部将门打开。

（6）检修门、安全门以及检修活门板均应是无孔的，并应具有与层门一样的机械强度。

（7）同一井道装有多台电梯时，在井道的下部，不同的电梯运动部件（轿厢或对重装置）之间应设置护栅，高度从轿厢或对重行程最低点延伸到最底层站楼面以上2.5m，如果运动部件间水平距离小于0.3m，则护栅应贯穿整个井道，其有效宽度应不小于被防护的运动部件（或其部分）的宽度每边各加0.1m。

（8）井道应为电梯专用。井道内不得装设与电梯无关的设备、电缆（井道内允许装设采暖设备，但不能用热水或蒸汽作热源，采暖设备的控制与调节装置应装在井道外面）。“电梯井道——危险（未经许可禁止入内）”。

（9）井道处井道检修门近旁应设有一须知，指出：

（10）采用膨胀螺栓安装电梯导轨支架时应满足下列要求：

a、混凝土墙应坚固结实，其耐压强度应不低于24MPa。

b、混凝土墙壁的厚度应在120mm以上。

4. 在层门附近，层站的自然照明或人工照明，在地面上应至少为50lx。

5. 在层门地坎外，地坪表面的许可装修厚度最大值为85mm。

6. 需方应严格按照双方确认的土建图纸进行土建的设计施工，供方也可按需方提供的土建图绘制电梯的布置图，需方所提供的土建图如与实际土建不符所造成的损失，由需方负责。用户单位（买方）在收到本公司（供方）的电梯土建图后，请及时确认返回；如有异议，请在15天内与本公司联系，超过此期限视为用户单位认可。

7. 井道下部应设置底坑。除缓冲器座、导轨座以及排水装置外，底坑的底部应光滑平整，底坑不得作为积水坑使用，在导轨缓冲器栅栏等安装竣工后，底坑不得漏水和渗水。本技术要求是泰伯电梯有限公司电梯土建图的不可分割部分。是电梯土建图总技术要求的一部分。（每台电梯的详细土建要求以每台电梯合同的土建图为准）

单位（盖章）	需方：需方名称		供方：供方名称
代理人	需方代理人		供方代理人
地　点	需方地点		供方地点
日　期	需方确认日期		供方确认日期
用　户			
合同号			
设　计	图　幅	A3	
审　核	比　例	1:1	
批　准	版　本	1.0	电梯土建技术要求
日　期	共1页	第1页	

图10-4　电梯土建技术要求

思考题

1. 电梯井道顶部和底部空间，设计时应该考虑哪些尺寸要求？
2. 电梯机房空间应满足哪些尺寸要求？
3. 电梯土建布置图中，主要体现电梯的哪些技术、尺寸信息？

第十一章　杂物电梯及液压电梯

杂物电梯是指服务于指定层站的固定式提升装置，具有轿厢，轿厢的结构形式和尺寸不允许人员进入。

杂物电梯是一种专供垂直运送小型货物的电梯，通常安装在饭店、食堂、工厂、仓库、银行、图书馆，医院等场所，用于少量食物、书籍和医疗器械的垂直运输，俗称“餐梯”“食梯”“传菜梯”“小杂梯”等。

杂物电梯的轿厢尺寸和容量都有限，额定载重量一般不大于 300kg，并且禁止载人，为此轿厢面积和轿厢高度分别控制在 $1m^2$ 和 1.2m 以下。其额定速度一般不大于 1m/s。杂物梯与其他垂直梯一样，其轿厢运行于与垂直方向倾斜角度不大于 15°的两列刚性导轨之间，同时也具有专用井道。

第一节　杂物电梯的分类

杂物电梯可以作如下分类。

一、按驱动方式分

1. 曳引驱动

见前章所述。

2. 强制驱动

常见的电力驱动的强制驱式杂物电梯有两种形式，一种是使用卷扬机卷筒驱动钢丝绳，不使用对重。另一种是使用链轮和链条驱动，可以使用对重。

3. 液压驱动

轿厢由液压缸柱塞支撑，在铅垂线倾斜度不大于 15°的刚性导轨上运行。

二、按操作控制分

1. 层站相互控制型

这种杂物电梯，在各层的操纵盘上都设有所有层站的按钮。如唤轿厢时，只要按本层的按钮就可以了。发送货物时，只要按目的层站按钮，轿厢就可以自动运行到指定层站。采用这种控制方式，可以自由选择层与层之间的运行，并能根据记忆呼梯，发出轿厢。这种控制方式多用于层站较多时。

2. 基站控制型

这种杂物电梯的控制，只用于某特定层(基站)与其他一般楼层互相往返的操作。在基站的操纵盘上有各层的按钮，其他一般楼层层站上有呼梯蜂鸣按钮。当按动蜂鸣按钮时，蜂鸣器发出响声，基站获悉后按下目的层按钮，然后轿厢自动运行。当轿厢应答完成后，关上该站层门，轿厢自动返回基站待命。这种控制方式适用于层站数较少时。

三、按开门方式分

分为单扇上开式和两扇直分式。

四、按轿门分

分为有轿门式和无轿门式。

五、按层站出口距地面高度分

1. 地面型

层站出口与普通电梯一样，层站出口即层门地坎面与地面相平，可用于运送手推车和成捆的杂物。

2. 高台型

层站出口设置在楼层地面之上，离楼层地面的距离约 700mm。便于放置餐具、器械、书籍等，并且层站口设置平台或搁板。高台型杂物电梯多用于食堂、餐厅、医院、图书馆等。

图 11-1 所示的是地面型和高台型杂物电梯的井道剖面图。

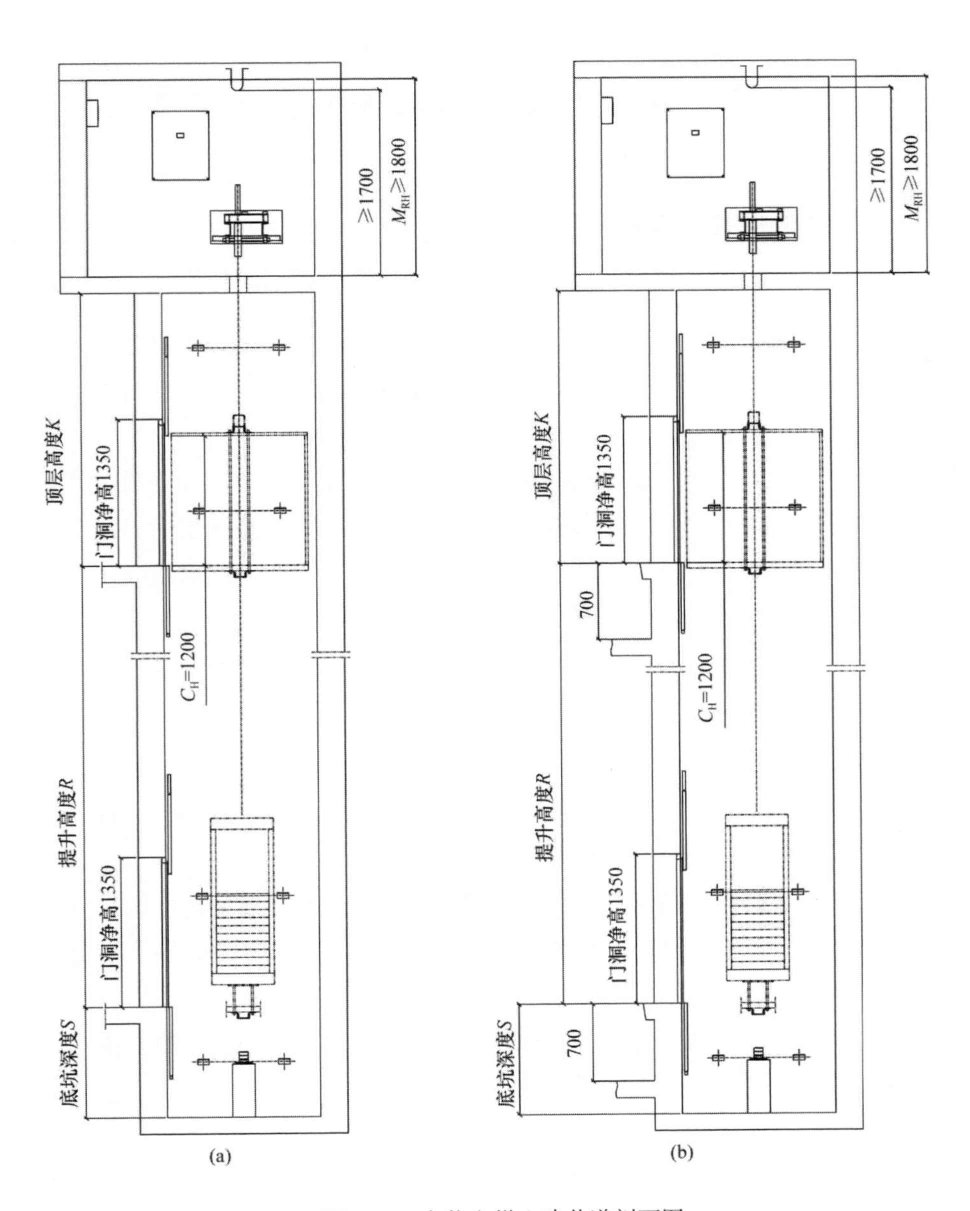

图 11-1　杂物电梯土建井道剖面图

(a)地面型　(b)高台型

第二节　杂物电梯制造与安装安全要求

一、杂物电梯井道与机房

1. 井道

杂物电梯的井道除尺寸外，要求与其他电梯相似。井道最好不设置在人能进入的空间上方。当额定载重量超过 50kg，提升高度大于 4m 时，轿厢对重应加装安全钳装置。

曳引驱动的杂物电梯在轿厢或对重完全压实在缓冲器上时，井道顶部必须提供不小于 50mm 的净距离。对于强制驱动的电梯，轿厢运行至顶层时不触及顶部缓冲器，且轿厢顶部和井道顶部结构的任何部件至少有 50mm 的净距离。

底坑应光滑平整不漏水和渗水。底坑深度一般不小于 0.3m，并应保证轿厢或对重在压实缓冲器后，其结构与地面的垂直距离不小于 50mm。对于两扇直分式门，则底坑深度不应小于 0.8m。

2. 机房

杂物电梯的驱动主机和其辅助设备应设置在单独的机房或井道中的机罩内，若机房内未设主开关，则应在入口处设置停止开关。

机房应干燥、防雨、通风，机房内不存放与电梯无关的设备。机房入口高度应在 1.8m 以上，从入口到设备的实际可用空间不小于 0.6m×0.6m，机房中应提供永久照明。

在厨房用杂物电梯的机房内，应有隔离措施，避免有毒气体和潮气侵入，防止机房温度升高。

二、杂物电梯驱动与悬挂装置

1. 杂物电梯的驱动

杂物电梯的驱动允许使用钢丝绳曳引式驱动和钢丝绳或链条的强制式驱动以及液压驱动。使用卷筒和钢丝绳的强制驱动不应设置对重，使用链轮和链条的强制驱动可设置对重，但必须防止轿厢或对重压在缓冲器上时，链条从链轮上脱开和链条的扭折卡阻。

2. 制动装置

杂物电梯必须设常闭式的机一电制动器，当轿厢装载有125％额定载荷以额定速度向下运行时断电，制动应能使轿厢可靠制停。

3. 悬挂装置

杂物电梯的轿厢和对重可用钢丝绳或钢质链条悬挂，悬挂的钢丝绳和链条应不少于两根，每根应是独立的，其安全系数应不小于10。

曳引驱动的钢丝绳的一般公称直径不小于6mm，强制驱动和额定载重量小于25kg的曳引驱动钢丝绳的公称直径不小于5mm，驱动机构的曳引轮、滑轮或卷筒的节圆直径应不小于悬挂钢丝绳公称直径的30倍。

钢丝绳与轿厢、对重或悬挂部位的连接，可采用金属或树脂铸灌锥套、自锁楔形绳套、绳夹固定和插接绳环等方法，但连接部位的强度应不小于钢丝绳破断负荷的80％。

至少在悬挂装置的一端应设置能调节和自动平衡各绳、链张力的装置，若用弹簧平衡张力则必须在压缩状态下工作。

强制驱动时，缠绕钢丝绳的卷筒应有螺旋绳槽，槽形应与所用钢丝绳相适应。钢丝绳在卷筒上只能单层缠绕，并在轿厢完全压在缓冲器上时，卷筒上应保留不少于一圈半的钢丝绳。工作中钢丝绳相对于绳槽的偏角应不大于4°。

用链条悬挂时，链轮的轮齿不得小于15个，每根链条在链轮上的啮合数不得小于6个。

三、轿厢，层门与导向装置

1. 轿厢

轿厢额定载重量不大于300kg，轿厢尺寸符合下面要求：

1)轿底面积不大于1.0m^2；

2)轿厢深度不大于1.0m；

3)轿相高度不大于1.2m。

如果轿厢由几个固定的间隔组成，且每一间隔都满足上述要求，则轿厢总高度允许大于 1.2m。

若在运行过程中运送的货物可能触及井道壁，则在轿厢入口处应设置适当的部件，如挡板、栅栏、卷帘以及轿门等。这些部件应配有用来证实其关闭位置的电气安全装置。特别是具有贯通入口或相邻入口的轿厢，应防止货物突出轿厢。如果使用栅栏，则关门后孔格宽度不大于 130mm。

2. 层门

井道上层门开口可与地面相平(地面型)，也可在地面之上(高台型)，但其净高度和净宽度超出轿厢入口的净尺寸均不得大于 50mm。

层门地坎与轿厢下沿的水平距离应不大于 25mm。垂直滑动门的门扇应悬挂在两个独立的部件上，悬挂部件的安全系数不小于 8。若用钢丝绳则绳轮直径应不小于钢丝绳直径的 20 倍。

如果杂物电梯不满足下面要求：

1)额定速度≤0.63m/s；

2)开门高度≤1.20；

3)层站地坎距离地面高度≥0.70m；

则层门锁紧装置需要电气验证，门锁应符合 GB7588 或 GB12240 的规定。

3. 导向装置

轿厢、对重(或平衡重)各自应至少由两根刚性的钢质导轨导向，对于额定速度大于 0.4m/s 的杂物电梯，导轨应由冷拉钢材制成，或工作表面采用机械加工方法制成；对于没有安全钳的轿厢、对重(或平衡重)导轨，可使用成型金属板材，但应采用防腐蚀措施。

四、安全保护与运行控制

1. 安全钳

若杂物电梯井道下方有人员可进入的空间，则电力驱动的杂物电梯或液压驱动的杂物电梯轿厢应配置安全钳，或在杂物电梯井道下方对重或平衡重区域内有人员可进入的空间，则对重或平衡重应配置安全钳。

2. 安全钳的触发

安全钳可由限速器触发，但对于装有破裂阀或节流阀或单向节流阀的间接作用式液压杂物电梯的轿厢安全钳，可以采用安全绳或悬挂装置断裂触发。对于直接作用式液压杂物电梯轿厢安全钳可以由破裂阀或节流阀(或单向节流阀)触发。

对重安全钳除了可限速器触发外，还可以由安全绳或液压驱动杂物电梯的悬挂装置断裂触发。

3. 限速器绳和安全绳

限速器绳和安全绳应为专用的钢丝绳，钢丝绳安全系数不小于 8，钢丝绳公称直径不小于 6mm。限速器绳轮的节圆直径与钢丝绳的公称直径之比值应不小于 30。

4. 缓冲器

在杂物电梯井道的下方，轿厢或对重下方区域如果有人能够到达的空间，则轿厢或对重下方应设置缓冲器。

5. 运行控制

运行控制一般有基站控制型和层站相互控制型。

五、标志说明

1)电梯的额定载荷(以 kg 表示)应在每一个层门上或其附近位置标明，所用的说明应为：

"……kg，禁止进入轿厢"或相应的符号。

所用字体高度不应小于：

①10mm，指文字、大写字母或数字；

②7mm，指小写字母。

2)电梯制造商名称或商标应在轿厢内标出。

3)停止装置应为红色，并标以"停止"字样加以识别。

4)层门附近应设置保证安全使用杂物电梯的须知。这些须知至少应指出：

①对于无轿门的杂物电梯

a. 货物不应伸出轿厢外；

b. 可移动的货物应予以固定，确保其不触及井道壁；

②如果手动门和动力驱动门的关门动作需要在使用人员持续控制下实现，使用人员在使用杂物电梯之后，必须将门关闭；

③当装载和卸载时，仅允许手和手臂进入轿厢内。

5)在通往机房和滑轮间的门或活板门的外侧应设置至少包括下列简短字句的须知：

“杂物电梯驱动主机一危险，未经许可禁止入内”

对于活板门，应设置下列须知，以提醒活板门的使用人员：

“谨防坠落一重新关好活板门”

第三节　液压电梯简介

液压电梯不必在楼顶设置机房，且其可以通过液压缸柱塞直接驱动轿厢，非常适合用在提升高度不大，建筑高度受限，没有机房的厂房、别墅、轮船上。在某些特殊场合需要安装防爆电梯，这时液压电梯就更容易满足设计安装要求。

下面对液压电梯的布置方式做一个简单的介绍，以便大家对液压电梯有一个基本的认识。

液压电梯的动力来源是液压泵，液压泵把液压油压入油缸，使柱塞向上，直接或间接地作用在轿厢上，使轿厢上升。轿厢下降时，一般靠的是轿厢的自重，使柱塞向下，将油缸内的液压油压返回油箱中。

按照轿厢和液压缸的连接方式，液压电梯可以分为直顶式和侧顶式两种。

直顶式是将柱塞直接作用在轿厢上或轿架上。轿厢和柱塞之间的连接必须是挠性的。直顶式液压电梯可以不设紧急安全制动装置，也不必设限速器。所以轿厢结构简单，井道空间小。建筑物顶部不需要设钢丝绳，轿厢的总载荷都加在地坑的底部，故要为油缸做一个较深的竖坑。如图 11-2 所示是直顶式液压电梯的布置。

侧顶式液压电梯将柱塞通过悬吊装置连接到轿架上，一般柱塞和轿厢的位移比是 1∶2，也有采用 1∶4 或 1∶6 的。图 11-3 是 1∶2 的布置方式。根据需要，侧顶式的布置也可以采用如图 11-4 所示的方式。侧顶式不需要竖坑。因为使用钢丝绳或链条，需要配置限速器和安全钳装置。由于顶升油缸在轿厢侧面，所需的井道空间要比直顶式大些。

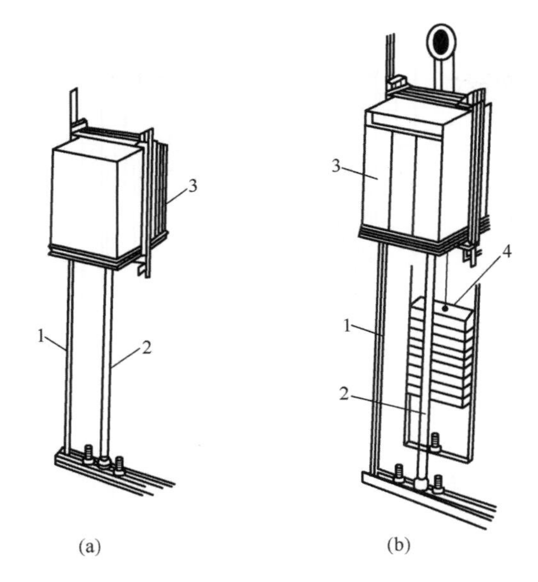

11-2　直顶式液压电梯的布置

(a)无对重式　(b)有对重式

1—导轨　2—油缸　3—轿厢　4—对重

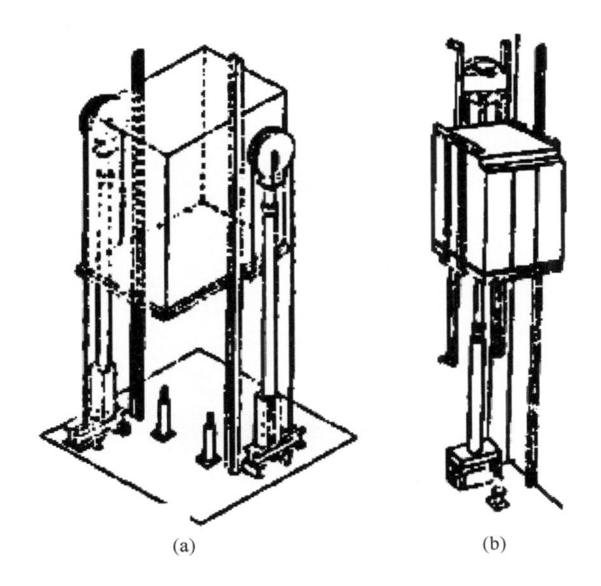

图 11-3　侧顶式液压梯

(a)单油缸侧顶　(b)双油缸侧顶

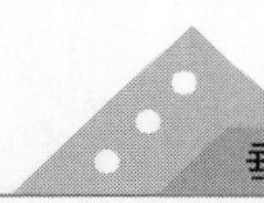

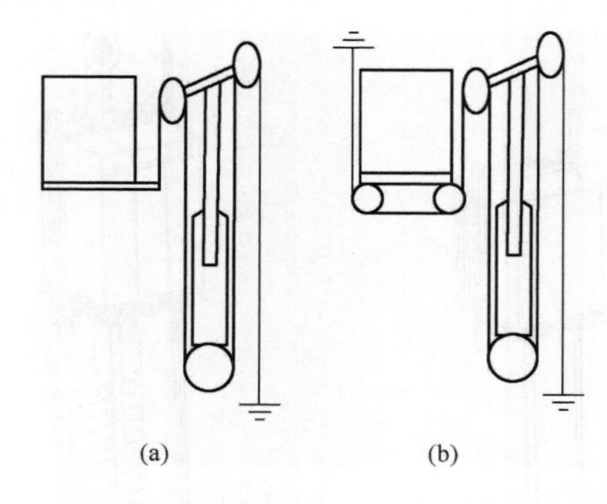

图 11-4　侧顶式液压梯布置方式

液压电梯驱动的另一种布置方式是将油缸装在对重下部，柱塞直顶对重，从而使轿厢上升或下降，由于存在对重，油缸直径较小，这种布置方式，油缸一般采用双作用式。

参 考 文 献

1. GB7588—2003，电梯制造与安装安全规范

2. GB/T10058—2009，电梯技术条件

3. GB/T10059—2009，电梯试验方法

4. GB10060—1993，电梯安装验收规范

5. GB 24478—2009，电梯曳引机

6. GB8903—2005，电梯用钢丝绳

7. EN81—20：2013，电梯制造与安装安全规范—运载乘客和货物的电梯—第20部分：乘客和货客电梯

8. EN81—50：2013，电梯制造与安装安全规范—检查和试验—第50部分：电梯部件的设计原则、计算和检验

9. GB 21240—2007，液压电梯制造与安装安全规则

10. 曳引和强制驱动电梯型式试验细则(2012稿)

11. 闻邦椿．机械设计手册．北京：机械工业出版社，2010